● 電子・通信工学 ●
EKR-11

制御工学の基礎

高橋宏治

数理工学社

編者のことば

　我が国の基幹技術の一つにエレクトロニクスやネットワークを中心とした電子通信技術がある．この広範な技術分野における進展は世界中いたるところで絶え間なく進められており，またそれらの技術は日々利用しているPCや携帯電話，インターネットなどを中核的に支えている技術であり，それらを通じて我々の社会構造そのものが大きく変わろうとしている．

　そしてダイナミックに発展を遂げている電子通信技術を，これからの若い世代の学生諸君やさらには研究者，技術者に伝えそして次世代の人材を育てていくためには時代に即応し現代的視点から，体系立てて構成されたライブラリというものの存在が不可欠である．

　そこで今回我々はこうした観点から新たなライブラリを刊行することにした．まず全体をI. 基礎とII. 基幹とIII. 応用とから構成することにした．

　I. 基礎では電気系諸技術の基礎となる，電気回路と電磁気学，さらにはそこで用いられる数学的手法を取り上げた．

　次にII. 基幹では計測，制御，信号処理，論理回路，通信理論，物性，材料などを掘り下げることにした．

　最後にIII. 応用では集積回路，光伝送，電力システム，ネットワーク，音響，暗号などの最新の様々な話題と技術を噛み砕いて平易に説明することを試みている．

　これからも電子通信工学技術は我々に夢と希望を与え続けてくれるはずである．我々はこの魅力的で重要な技術分野の適切な道標に，本ライブラリが必ずなってくれると固く信じてやまない．

　　2011年3月

編者　荒木純道

國枝博昭

「電子・通信工学」書目一覧

I. 基礎

1	電気電子基礎
2	電磁気学
3	電気回路通論
4	フーリエ解析とラプラス変換

II. 基幹

5	回路とシステム論の基礎
6	電気電子計測
7	論理回路
8	通信理論
9	信号処理
10	ディジタル通信の基礎
11	制御工学の基礎
12	電子量子力学
13	電気電子物性工学
14	電気電子材料

III. 応用

15	パワーエレクトロニクス
16	電力システム工学
17	光伝送工学
18	電磁波工学入門
19	アナログ電子回路入門
20	ディジタル集積回路
21	音響振動
22	暗号理論
23	ネットワーク工学

まえがき

　現代の我々にとって，制御は不可欠なものであると言えよう．工学・技術分野はもちろんのこと，身近な日常生活や社会など，あらゆる場面で関わっている．制御の概念を理解しておくことは，どのような分野の人でも有用なことである．とくに理工系の学生にとっては，専門分野に関わらず理工系の基礎教養として身に付けておくことが望ましい．

　大学の講義で用いる専門書の場合，制御理論を学問として厳密性をもって書かれており，制御を専門科目として学ぶことには適している．しかし，理工系の基礎教養として制御の概念を修得するには，専門書では重いかもしれない．本書は，理工系の学生に制御の概念を修得させることを目的として，必要事項の基本的内容に絞り，制御の考え方の理解を中心とした．そのため，厳密性や理論としての深さは省略されているところもあるが，制御工学の基本を一通り学べるものである．

　章立ては，各章を短めに区切り，全部で 14 章とした．これは，学ぶ側としては，短い区切り単位で段階的に学習が進められる．また，教える側としては，1 学期間の授業回数に概ね沿うことができる．紙面の構成では，文字や数式の密集を避け，考え方の説明に沿って図的表現を多用しており，わかりやすいものである．

　本書が，制御工学の基本概念を理解する教科書・学習書として活用されれば幸いである．

　追記：本書は，「制御工学ノート」という書名で B5 判の書籍として昭晃堂より 2012 年 11 月に初版が出版されたが，同社の解散により絶版となった．その後，数理工学社により同一内容で判サイズの変更に伴う版組みを新たにして発行したものである．

2014 年 10 月

高橋　宏治

目　　次

第1章
「制御」とは　　1
 1.1　定　　義　　2
 1.2　制御の幅広さ　　3
 1.3　「手順の制御」と「量の制御」　　4
 1.4　境界は画一的ではない　　7
 1章の問題　　10

第2章
量の制御とフィードバック　　11
 2.1　量　の　制　御　　12
 2.2　外乱による影響　　16
 2.3　フィードバックの役割　　20
 2.4　フィードバック制御系に発生する現象　　24
 2章の問題　　27

第3章
制御系の表現—ブロック線図—　　29
 3.1　信号の伝達　　30
 3.2　ブロック線図の構成　　31
 3.3　ブロック線図の等価変換　　36
 3章の問題　　46

第4章

制御系の数学的基礎—ラプラス変換— 47

- 4.1 要素の入出力における微分や積分関係 ……………… 48
- 4.2 ラプラス変換と微分，積分 ……………………………… 49
- 4.3 ラプラス変換の利用法 …………………………………… 55
- 4.4 ブロック線図とラプラス変換 …………………………… 60
- 4章の問題 ……………………………………………………… 64

第5章

制御系の基本要素の伝達関数 65

- 5.1 ブロックの伝達関数 ……………………………………… 66
- 5.2 比 例 要 素 ………………………………………………… 67
- 5.3 微 分 要 素 ………………………………………………… 68
- 5.4 積 分 要 素 ………………………………………………… 69
- 5.5 1次遅れ要素 ……………………………………………… 70
- 5.6 2次遅れ要素 ……………………………………………… 71
- 5.7 むだ時間要素 ……………………………………………… 73
- 5章の問題 ……………………………………………………… 74

第6章

基本要素の伝達関数と特徴 75

- 6.1 要素の特徴 ………………………………………………… 76
- 6.2 比例要素とゲイン ………………………………………… 77
- 6.3 1次遅れ要素と時定数 …………………………………… 78
- 6.4 2次遅れ要素と減衰係数・固有角周波数 ……………… 80
- 6章の問題 ……………………………………………………… 86

目　　次　　　　　　　　vii

第7章

制御系のモデリングと特性把握　　87
   7.1　貯水タンクの水位制御の例 ································ 88
   7.2　温度測定の例 ·· 91
   7.3　電動舵取り装置の例 ·· 93
   7章の問題 ·· 97

第8章

フィードバック制御系の構成　　99
   8.1　制御系の構成の基本 ······································· 100
   8.2　フィードバック制御系の機能要素と構成 ············· 102
   8.3　フィードバック制御系の特徴に関わる伝達関数 ···· 104
   8章の問題 ·· 106

第9章

フィードバック制御系の定常特性　　107
   9.1　フィードバック制御系における定常偏差 ············· 108
   9.2　目標値と定常偏差 ··· 109
   9.3　外乱による影響 ·· 112
   9章の問題 ·· 114

第10章

フィードバック制御系の過渡特性　　115
   10.1　フィードバック制御系の伝達関数 ····················· 116
   10.2　1次遅れ系の過渡応答 ···································· 119
   10.3　2次遅れ系の過渡応答 ···································· 120
   10章の問題 ·· 123

第 11 章

フィードバック制御系の周波数特性　　125

- 11.1　周波数応答 ……………………………………… 126
- 11.2　ベクトル軌跡 …………………………………… 128
- 11.3　ボード線図 ……………………………………… 133
- 11.4　一般の伝達関数の取り扱い …………………… 142
- 11 章の問題 ………………………………………… 144

第 12 章

フィードバック制御系の安定性　　145

- 12.1　制御量の目標値への収束と負帰還 …………… 146
- 12.2　系の遅れや増幅度と安定性 …………………… 148
- 12.3　ボード線図と安定判別 ………………………… 150
- 12 章の問題 ………………………………………… 152

第 13 章

フィードバック制御系の特性補償　　155

- 13.1　安定性の改善 …………………………………… 156
- 13.2　安定性改善の方針 ……………………………… 157
- 13.3　ゲイン補償法 …………………………………… 158
- 13.4　遅れ補償法 ……………………………………… 160
- 13.5　進み補償法 ……………………………………… 163
- 13.6　フィードバック補償 …………………………… 166
- 13 章の問題 ………………………………………… 168

第14章

フィードバック制御系の性能向上　173
14.1　定常偏差への対応 　174
14.2　偏差変動への対応 　176
14.3　PID 動作 　178
　　　14 章の問題 　179

問 題 解 答　181

キーワード索引　194

索　　引　196

電気用図記号について

　本書の回路図は，まだ実際の作業現場や論文などでも用いられている従来の電気用図記号の表記（表右列）にしたがって作成したが，現在では JIS C 0617（表中列）が制定されている．参考までによく使用される記号の対応を以下の表に示す．

	新JIS記号（C 0617）	旧JIS記号（C 0301）
電気抵抗，抵抗器	▭	∿∿
スイッチ	／ （-o／-）	-o o-
半導体（ダイオード）	▷⊢	▶⊢
接地（アース）	⏚	⏚
インダクタ，コイル	⌒⌒⌒	∞∞∞
電源	-＋|-	-＋|-
ランプ	⊗	⊕

第1章

「制御」とは

現代の我々にとって,「制御」は不可欠なものであるといっても過言ではない.まずは,「制御」の全体像を捉え,分類と系統を考えてみることにする.

1.1 定義

「制御」は産業界における FA（Factory Automation）はいうまでもなく，事務分野での OA（Office Automaton），実験室での LA（Laboratory Automation），家庭での HA（Home Automation）などあらゆる分野に見られる．もっと身近な日常生活においても，最近の家庭電器製品では，「○○制御を導入」などという能書がついている．

そこで，"制御について勉強しよう！"と思い立ち書店に行くと，まず"どこを探せばよいか？"と迷うことがある．制御の本は，電気工学・機械工学・情報工学などのコーナーに分かれて置いてある．ようやく見つけて何冊かの本のページをめくると，似たようなタイトルにも関わらず，その内容が全く異なる場合がよくある．たとえば，自動制御入門といっても，数式が書いてあるものもあれば，回路図が描いてあるものもある．こうなると，"一体全体なにが制御で，どれを選んでよいのやら ?!" と悩んでしまう．『○○制御』といういろいろな名前が出てくるが，"これらの間の関係は，どうなっているのだろうか？　自分が知りたいこと・やりたいことは，どれなのだろうか？"という声をよくきく．まずは，「制御」の全体像を捉え，分類と系統を考えて見ることにする．

ここまで「制御」という言葉を何気なく使ってきたが，そもそもどんな意味なのだろうか．JIS（日本工業規格）の定義によれば，制御とは，「**ある目的に適合するように，対象となっているものに所要の操作を加えること**」（JIS Z 8116）とある（国語辞書の定義とは違うかもしれないが，工学技術上ではこれである）．我々が「対象にこうなってほしい」，あるいは「これを行ってほしい」と思ったときに，その目的を達成するように「やるべき事柄を決定」して「それを実行させる」ことが「制御」といえる．「制御＝自動」というイメージをもっている人も多いかと思うが，そうではなく，「制御装置によって自動的に行われる制御」を**自動制御**，「人間によって行われる制御」を**手動制御**とよぶ．「制御」とは，実に広い範囲を指しているのである．

1.2　制御の幅広さ

　ところで，我々にはいろいろな対象がある．また，いろいろな目的がある．それぞれに応じて，加えるべき所要の操作やそれを決める方法は異なる．そのために，目的や対象に応じて，いろいろな制御手法がある．

　たとえば，機械の組立ラインでは，作業対象物がステーション間を決められた順序に従って搬送され，それぞれの場所で所定の部品などが組み付けられていく．各装置が，規定された手順で動くことで，組立という目的を達成している．ここでの制御の主題は，組立を間違いなく行うために，装置を正しい手順で動かすことである．制御技術者はその動かす手順を詳細かつ正確に定めるために苦労する．そして，制御盤を覗くと，**シーケンスコントローラ**とよばれる動作の順序を指令する装置が並んでいる．

　一方，化学プラントでは，原料がプラントの中を流れていく間に，各所で決められた熱や圧力などが加えられて，所定の変化を起こしてゆく．プラント内のプロセスを規定の状態とすることで，目的とする製品を得ている．ここでの制御の主題は，各所の温度・流量・圧力・液位などの諸量を規定の値にすることである．制御技術者は，諸量をいかに目標とする値にするか，すなわち安定にかつ制御偏差を小さくするために制御系のパラメータ（比例ゲイン・微分時間・積分時間など）をどう設定するかに苦労している．そして制御盤には，各所の諸量の設定値と現在値をメータで表示をしながら操作信号を生成する**プロセスコントローラ**とよばれる装置が並んでいる．

　このように，同じ"工場の自動制御"をとっても，様相が大きく異なっている．そこで，我々が「制御」に求める側面から捉えることにする．

1.3 「手順の制御」と「量の制御」

制御の固まりといわれるロボットを例として，そこでなされている「制御」を考察する．ロボットに，積木の置き換え作業をさせる場合を考えてみよう．図 1.1 に示すように，地点 A に置いてある積木を，地点 B に置き換えるものとする．この作業を達成するためには，ロボットは次のように動かなくてはならない．

① まず，腕を積木の上方まで伸ばす．
② 次に，手を開きゆっくりと積木に接近する．
③ そして，手を閉じて積木を握む．
④ 握んだ積木をゆっくり持ち上げる．
⑤ 腕を動かして，置く場所の上方まで運ぶ．
⑥ そして，ゆっくりと降ろす．
⑦ 手を開いて，積木を離して置く．
⑧ その後，置いた積木に触れないように手をゆっくりと退避する．
⑨ 最後に，腕を待機位置に戻して終了．

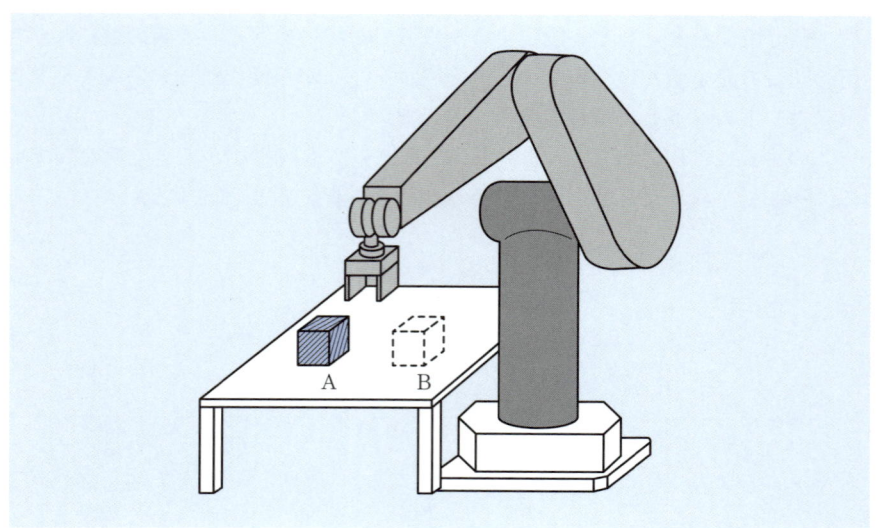

図 1.1　ロボットによる作業

1.3 「手順の制御」と「量の制御」

図1.2にその様子を示す．これを行わせるための準備として，まず，その動作の詳細な手順を決める必要がある．そして，それぞれの段階でとるべき目標のポーズ（位置や姿勢のこと．写真を撮るときの"はいポーズ"のポーズ）や速度なども定める．

実行段階においては，仕事の進捗を管理する部分が，定められた手順に従って，その段階で行うべき動作内容・目標ポーズ・指定速度などを，動きを司る部分へ指令する．動きを司る部分は，受けた指令に基づいてロボットの各要素を目標に沿うように運動させる．つまり，決められたポーズをとるために，各関節の角度を決められた値にする．その際，指定された速度で動くために，各モータを所定の回転速度としている．こうして，1つの動作の段階が完了すると，仕事の進捗を管理する部分は，定められた手順に従って次の段階の指令を発する．この連鎖により，ロボットの作業が進行していくのである．

このことより

- ある仕事を遂行するためには，手順を決めてそのとおりに進行させなくてはならない．
- そして，その各段階では，対象を定められた状態（対象が物理的なものであれば，物理量）にしなくてはならない

といえる．これは，「手順の制御」と「量の制御」の2つの側面として捉えることができる．この両者が結合して，目的が達成されているのである．なお，「手順の制御」の代表的な手法として**シーケンス制御**が，「量の制御」の代表的な手法に**フィードバック制御**がある．

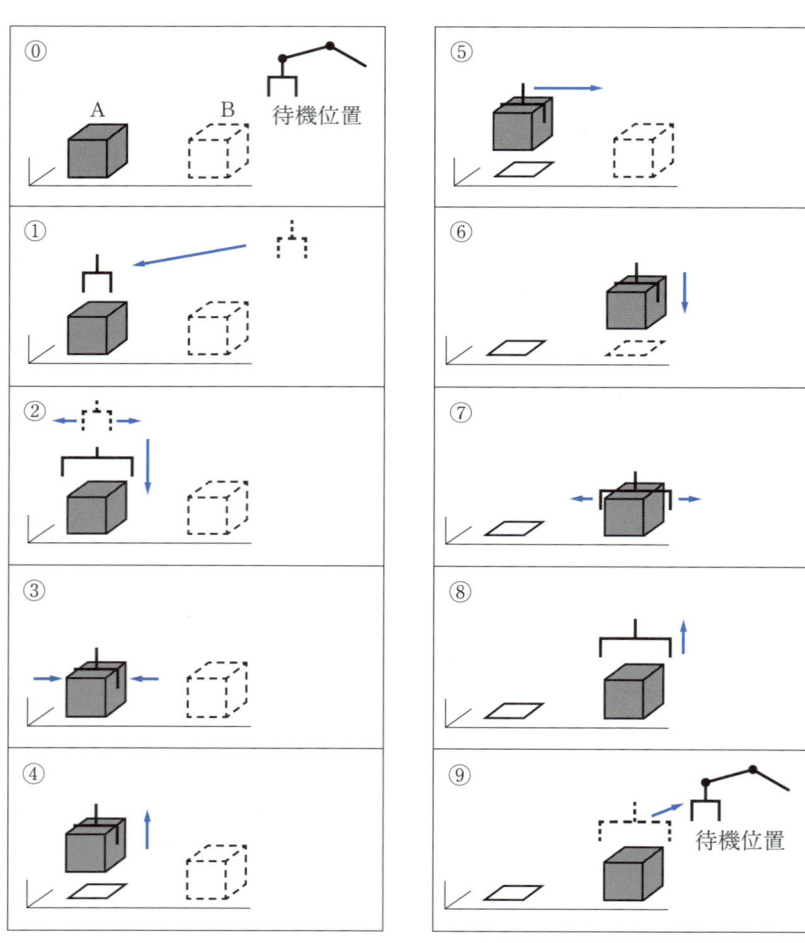

図 1.2　ロボットの作業手順

1.4　境界は画一的ではない

　ところで，我々の周りのいろいろな場面で「制御」が行われているが，これらは「手順の制御」と「量の制御」の2つの側面に，単純に分けられるのであろうか．実は，その境界は画一的ではない．給水タンクの制御を例として，説明しよう．

　図 1.3 に示すように，タンクの上流側に給水弁がありタンクに水を入れることができ，下流側には蛇口があり使用者が水を出せる仕組みである．使用者がいつでも蛇口から水を出せることを目的として，タンクの水量を維持するために給水弁を操作する．その際，次の3つの場合がある．

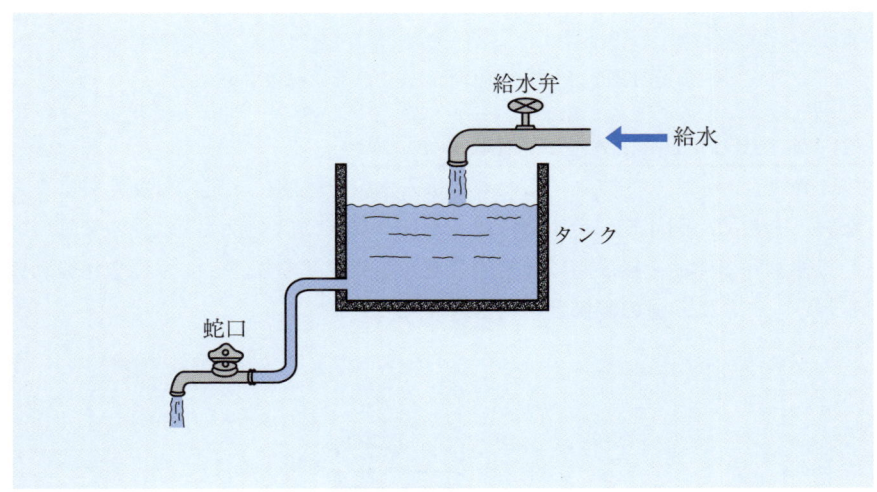

図 1.3　給水タンク

(1)　単に，水が途切れなければよい場合

　この場合，タンク内の水が空にならず，かつあふれなければよいわけである．そこで，図 1.4 に示すように，タンクの上限と下限にスイッチを付ける．そして，「水位が下限になると給水弁を開き，給水を開始する．それとともに水位が上昇し，上限に達したならば給水弁を閉じる」という制御をする．これは，**手順の制御**といえる．

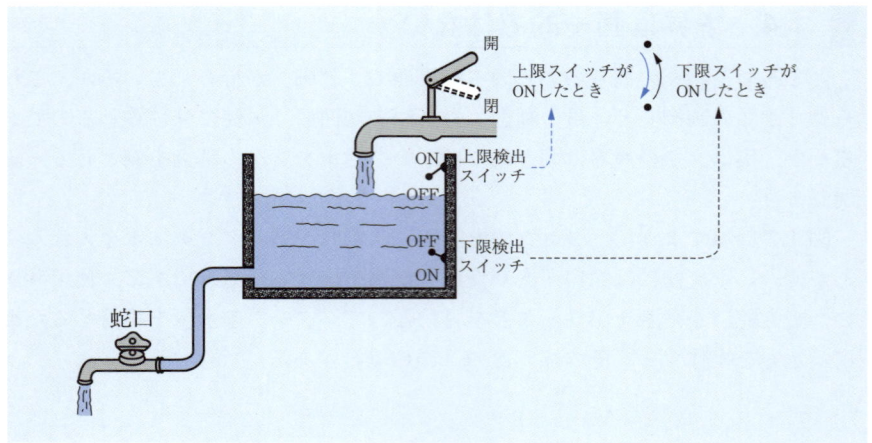

図 1.4 （1）の制御（水が途切れなければよい）

(2) 水を出したとき，水圧を一定にしたい場合

この場合，水圧を一定にするためには，水位を厳密に一定にしなくてはならない．そこで，図 1.5 に示すように，タンクに水位計を設け，水位の変動に応じて給水弁の開度を無段階に連続的に調節し給水量を加減し，水位を保つ制御を行う．これは，量の制御といえる．

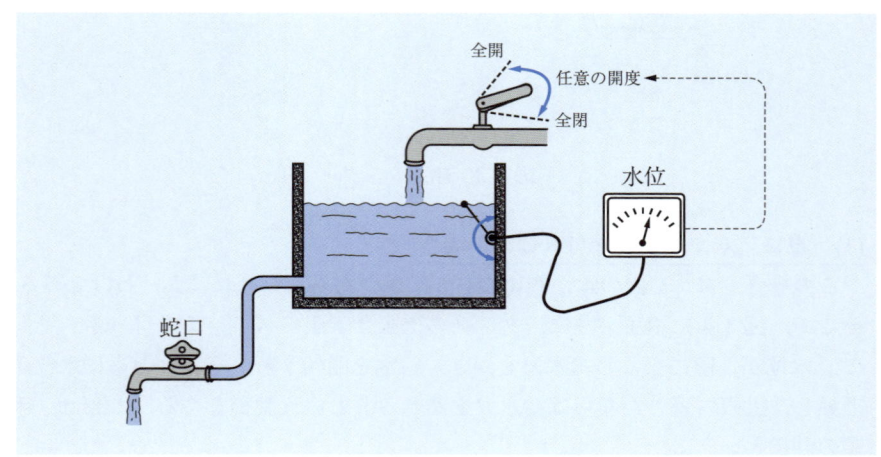

図 1.5 （2）の制御（水圧を一定にしたい）

(3) 水圧が，ある範囲であればよい場合

(1) では水圧の変動が大きくて困る，しかし (2) ほど厳密に一定である必要はない，という場合である．この場合，水位をある範囲内に収まるようにすればよいのである．そこで，図 1.6 に示すように，収めたい水位の上限と下限，およびその中間にスイッチを付ける．また，給水弁は閉・小開・中開・全開の 4 つの段階を設ける．そして，「水位が上限を超したら，閉とする．上限と中間の間に入ると，小開とする．中間と下限の間に入ると，中開とする．下限より下になると，全開とする．」という制御をする．これは，「手順の制御」と「量の制御」の中間といえよう．

このように，同じ対象でかつ主たる目的が同じであっても，異なった側面に分類される．よって，表面的に画一的な捉え方はできないのである．我々がある問題解決をしようとする場合，手法が先にありきではなく，何をどうしたいか，そのためにはどういう方策をとるか，これが非常に重要となってくる．

本書では，「量の制御」の基本を学ぶこととする．

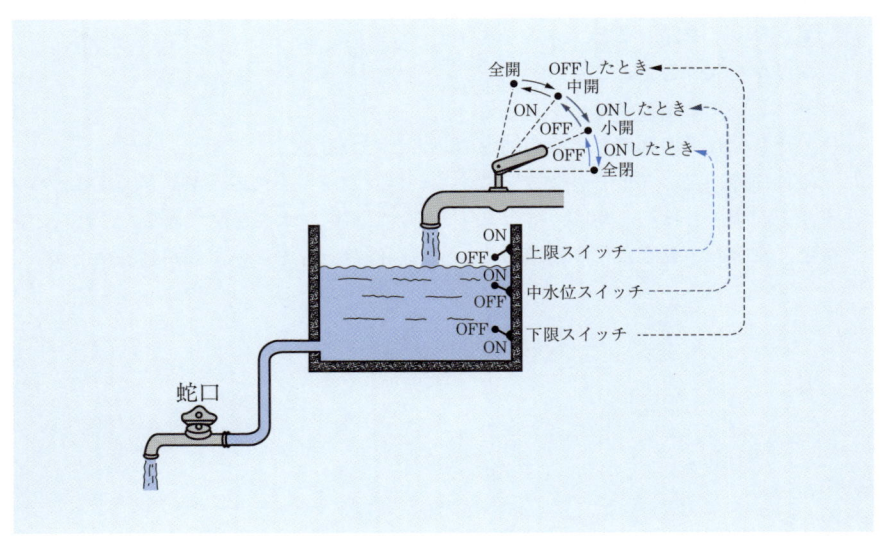

図 1.6 (3) の制御（水圧がある範囲内であればよい）

1章の問題

☐ **1** 「制御」とはどのようなことか？ JIS の定義を参考に説明せよ．

☐ **2** 手順の制御の例と，量の制御の例をあげよ．

☐ **3** 手順の制御と量の制御が組み合わされている例をあげ，制御の内容について説明せよ．

☐ **4** (1) 自動車の乗客が，運転手に「A 地点まで行くように」と指示した．運転手はその指示内容を達成するために，
- ハンドルを回す
- アクセルを踏む
- クラッチを踏んでギヤを入れ替える
- ブレーキを踏む

などを行う．この際，
- ハンドルを回すこと，
- アクセルを踏むこと，
- クラッチを踏むこと，
- ギヤを入れ替えること，
- ブレーキを踏むこと

は，それぞれ量の制御と手順の制御のいずれであるか．

(2) 運転手がクラッチやアクセルあるいはブレーキを踏み，ギヤを入れ替えハンドルを回すことは，自動車に指令を与えていると見なすことができる．これらの指令と，乗客が運転手に言う指示の，いずれが作業命令で，いずれが制御命令か．

第2章

量の制御とフィードバック

本書の主題である量の制御について，基本構成や制御を乱す要因について捉え，それを解決するために考え出されたフィードバック制御の概念を学ぶ．

2.1 量の制御

量の制御においては，制御の対象となるもの（**制御対象**）の制御したい量（**制御量**）を，目的とする量（**目標値**）になるように，所要の操作をどのように加えるかが主題である．指令された目標値に応じてどのような操作をするかを決定する部分（**調節部**）が操作の指示（**操作指令**）を実際に操作を行う部分（**操作部**）に送り，そこで操作の内容（**操作量**）が発生して制御対象に加えられ，制御量が修正される（図2.1）．

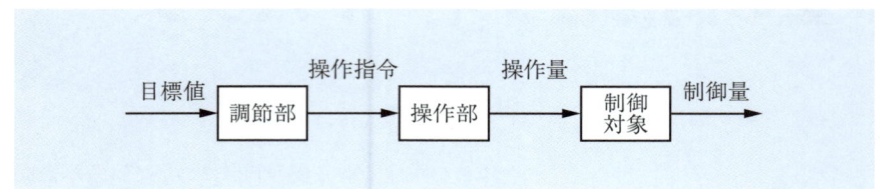

図 2.1　量の制御

このとき，制御対象に加える操作量とその結果としての制御量の関係が常に一定であれば，目標値が与えられるとただちに操作量を決定できる．しかし多くの場合，制御対象にその状態を乱すいろいろな要因（**外乱**）が加わり，同じ操作量を加えても一定の制御量を得られるとは限らない（図2.2）．

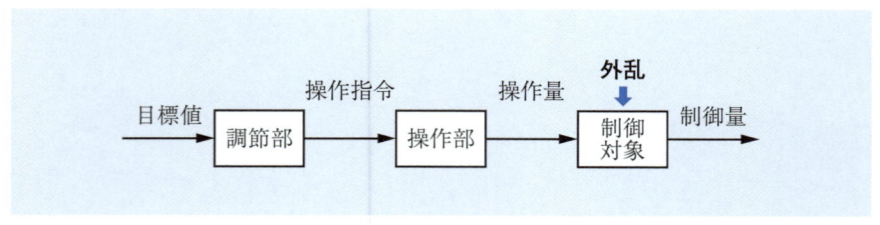

図 2.2　外乱

たとえば，自動車を一定の速さで走らせることを考えよう．平地でちょうどよいアクセルの量がある．目標の速さが同じだからといって，いつもそのアクセルの量では，上り坂にさしかかったときに，そのままでは目標の速さより遅くなってしまう．逆に，下り坂にさしかかると，速くなってしまう（図2.3）．これでは，制御の目的が達成できない．

2.1 量の制御

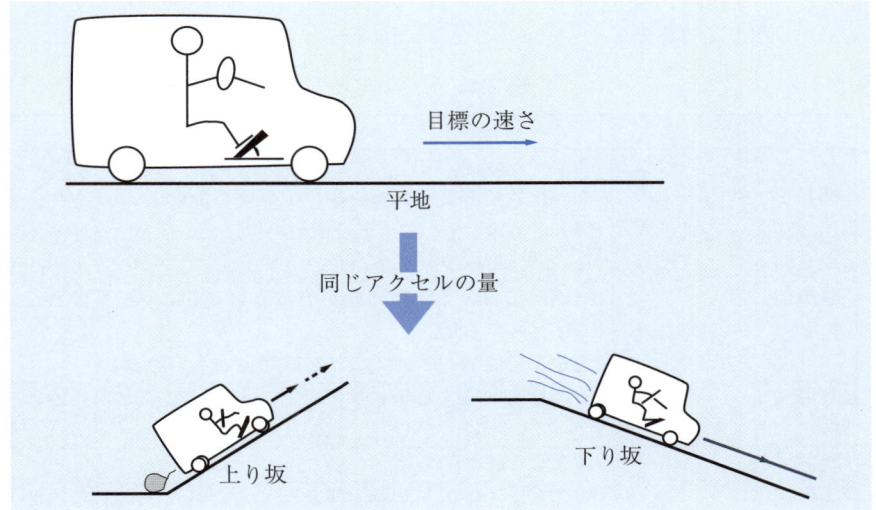

図 2.3 一定の操作量による結果

そこで，外乱により状態が乱されても，制御量を目標値に一致させるために，制御量を検出し目標値と比較し，その差（**制御偏差**）を 0 とするように操作をする方式が考え出された．こうすれば，どのような外乱であっても対応することができる．その構成を図 2.4 に示す．

この図において，目標値から制御量への流れに対し，制御量の検出から比較までの流れは逆方向に戻すようになっている．これを，**フィードバック**という．そのため，この方式は**フィードバック制御**とよばれている．なお各用語の定義は**表 2.1** に示すとおりである．

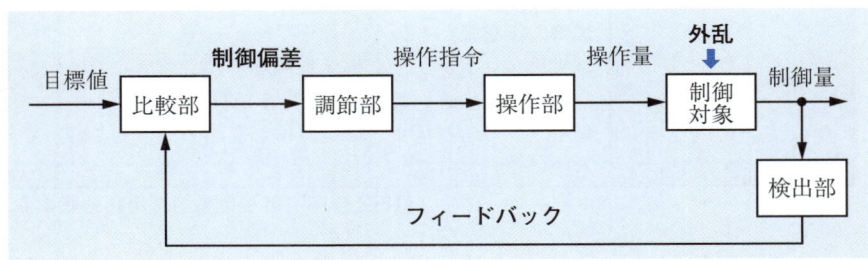

図 2.4 フィードバック制御

表 2.1 用語の定義

用語	定義
フィードバック制御, 閉ループ制御	フィードバックによって制御量を目標値と比較し,それらを一致させるように操作量を生成する制御. 備考：制御量をそのまま目標値側にフィードバックする場合には,**単一フィードバック**という.
目標値	制御系において,制御量がその値をとるように目標として与えられる値. 備考：定値制御では,これを**設定値**ともいう.
制御量	制御対象に属する量の中でそれを制御することが目的となっている量.
制御偏差	目標値と制御量の差.
操作量, 制御入力	制御系において,制御量を支配するために制御対象に加える量.
外乱	制御系の状態を乱そうとする外的作用.
制御対象	制御の対象となるもので,機械,プロセス,プラントなどの全体または一部がこれに当たる.
制御装置	検出部,比較部,制御演算部,操作部からなり,操作量を生成する装置.
検出部	制御装置において,制御対象,環境などから制御に必要な信号をとりだす部分. 備考：取り出した信号について演算処理を行うことも少なくない.
調節部	制御装置において,目標値に基づく信号および検出部からの信号をもとに,制御系が所要の働きをするのに必要な信号を作り出して操作部へ送り出す部分. 備考：**調整部**ともいう.
操作部	制御装置において,制御演算部などからの信号を操作量に変えて,制御対象に働きかける部分. 備考：サーボ機構などでは操作部を明確にすることができないこともある.

（JISZ8116–1994 自動制御用語一般より）

2.1 量の制御

　このようなフィードバック制御の考え方は，18世紀末のジェームス・ワットによる蒸気機関の実用化のための調速機の発明にはじまる．蒸気機関そのものはワット以前に発明され動力源として使われていたが，実用上の問題の1つに，負荷が変わると回転の速さが変動するという問題があった．すなわち，同じ流量で蒸気を供給していても，負荷が軽ければ速く回転し，負荷が重くなると回転が遅くなる．そこでワットは，負荷が変動しても所定の回転の速さを自動的に保つために，**調速機**とよばれる装置を発明した．

　これは図2.5に示すように，おもりとパンタグラフとてこにより構成されており，回転の速さを検出し，それに応じて弁の開度を変え蒸気の量を加減することで，回転の速さを目標の値となるように調整している．すなわち，回転が速くなるとおもりに働く遠心力が大きくなり外側に開き，それに伴いパンタグラフの上端が下がり，てこを介して弁を絞り流入する蒸気の量を減らして減速する．逆に回転が遅くなるとおもりに働く遠心力が小さくなり内側に閉じ，それに伴いパンタグラフの上端が上がり，てこを介して弁を開き流入する蒸気の量を増して加速する．このような動作により回転速度の制御を自動的に行っている．

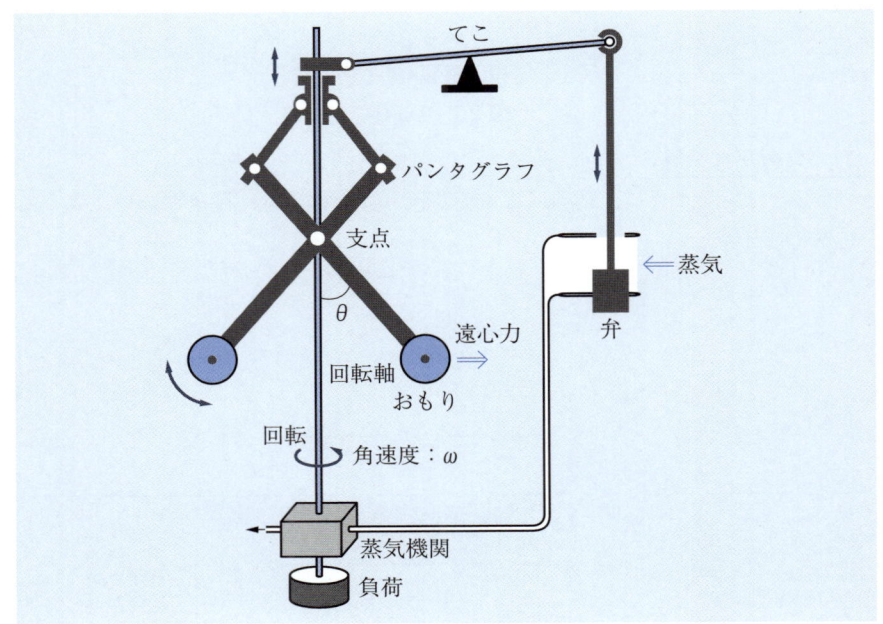

図 2.5　調速機

2.2 外乱による影響

図 2.6 に示すように,電源から離れたところに電線で電気を送り,負荷を使うことを考えよう.これを回路図で表すと,図 2.7 となる.電気を受ける側での電圧 V は,何ボルトであろうか?

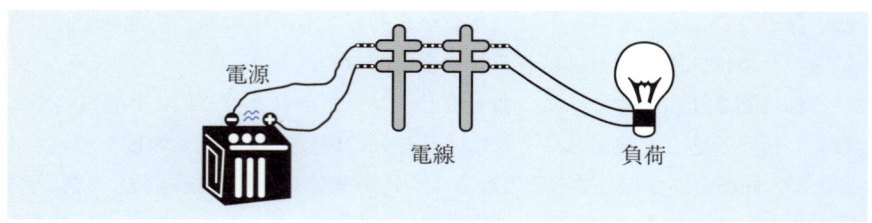

図 2.6 電源と負荷

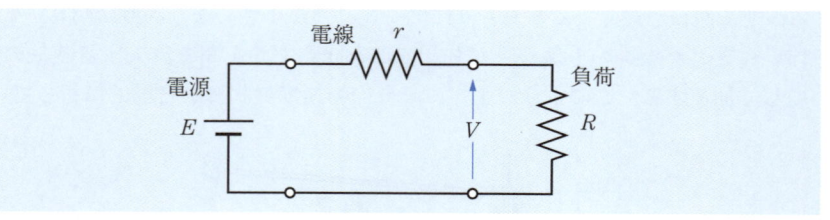

図 2.7 回路図

(1) 負荷がない場合

図 2.8 に示すように,電線には電流が流れないので電圧降下がない.よって,電源電圧と等しい

$$V = E$$

となる.

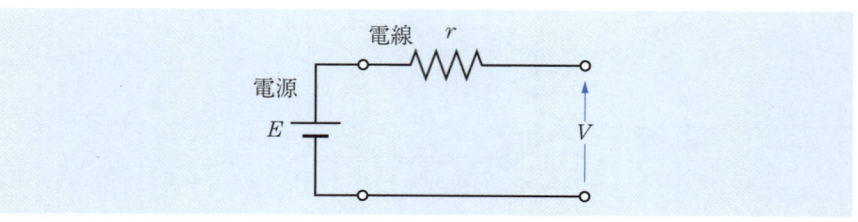

図 2.8 負荷がない場合

(2) 負荷がある場合

図 2.9 に示すように，電線に電流 I が流れ電圧降下が生じる．よって，電源電圧よりも低くなり

$$V = E - rI$$

となる．

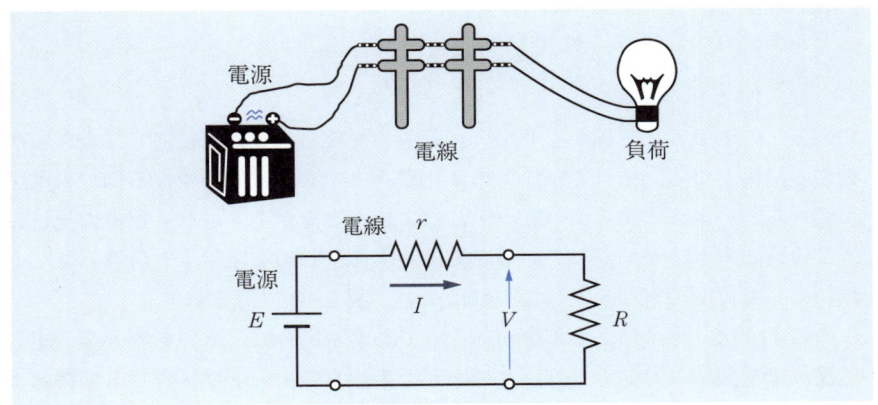

図 2.9　負荷を接続した場合

(3) 負荷が 2 倍に増えた場合

同じ負荷をもう一つ使う場合，図 2.10 に示すように並列に接続され，電線に流れる電流が増加し電圧降下が大きくなる．よって，電気を受ける側の電圧がさらに低くなる．

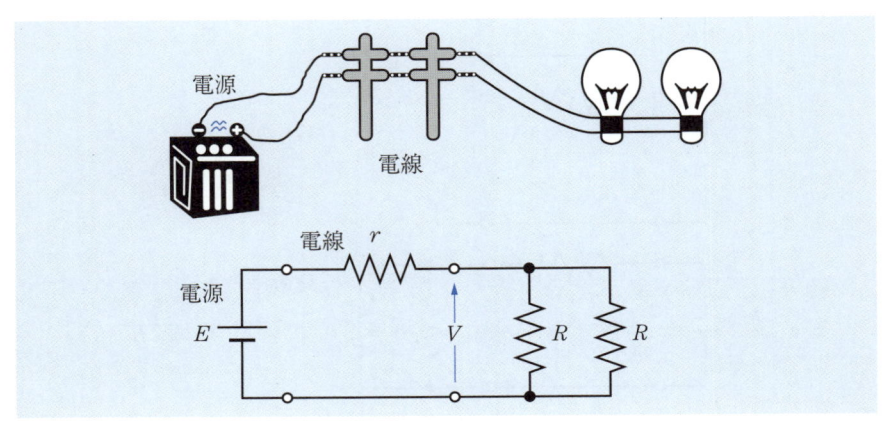

図 2.10　負荷が 2 倍に増えたとき

第2章 量の制御とフィードバック

これらをまとめると，図2.11のようになる．電源Eを一定とした場合に，電気を受ける側の電圧Vはどのようになるだろうか．たとえば

$E = 100$ 〔V〕, $r = 10$ 〔Ω〕, $R = 90$ 〔Ω〕 とした場合，
　負荷なし　　$V_0 = 100.0$ 〔V〕
　負荷が1つ　$V_1 = 90.0$ 〔V〕
　負荷が2つ　$V_2 = 81.8$ 〔V〕
　負荷が3つ　$V_3 = 75.0$ 〔V〕

である．このように制御がない場合，負荷の変化という外乱に応じて大きく変動する結果となる．それでは負荷の変化があっても，電気を受ける側での電圧が変わらないようにするにはどうすればよいだろうか？　もしも電線の抵抗および負荷の大きさがわかっているならば，あらかじめ電圧降下を計算して，それに応じて電源の電圧を上げてやればよい．図2.12に例を示す．

このように，外乱による影響が前もってわかる場合は，その影響分を考慮して操作量を調整し対応できる．このような手法を**フィードフォワード制御**とよぶ．この手法では，負荷が増えた場合は，図2.13に示すように，負荷ごとに調整し直す必要がある．また，電線の抵抗がわからない場合，あるいは負荷の大きさや変化がわからない場合は対応することができない．

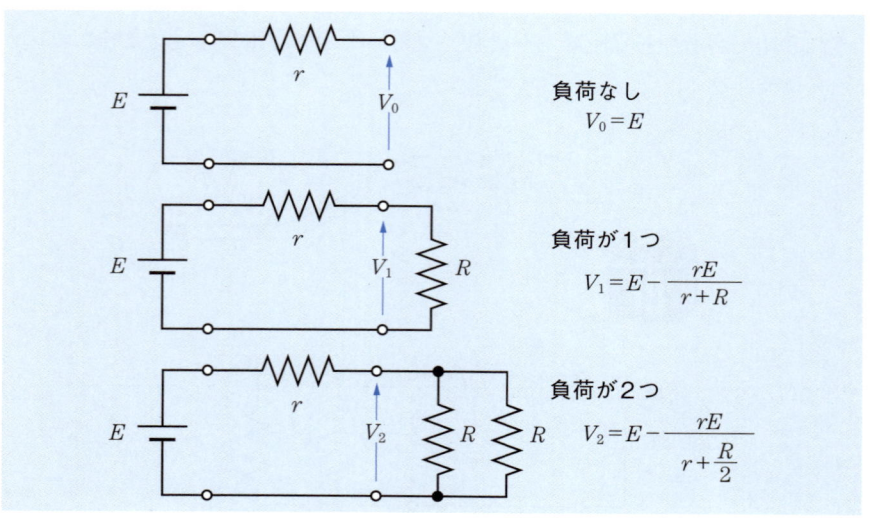

図2.11　負荷による電圧の変化

$V=100$〔V〕
$r=10$〔Ω〕
$R=90$〔Ω〕の場合
電線
r
I
負荷
電源
E
V
R
$I=\frac{V}{R}$
$E=V+rI$
$\therefore\ E=V+\frac{rV}{R}$
$=111.1$〔V〕

図 2.12　電源電圧の調整

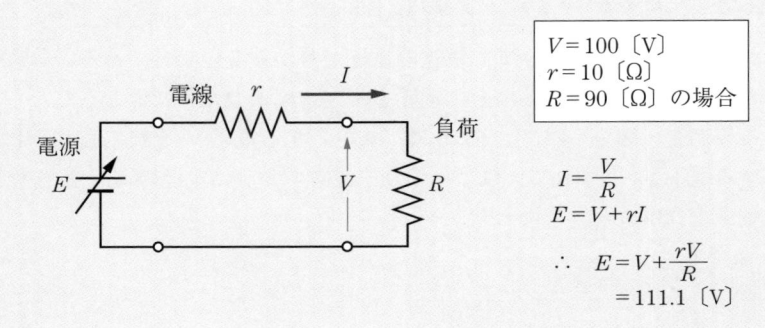

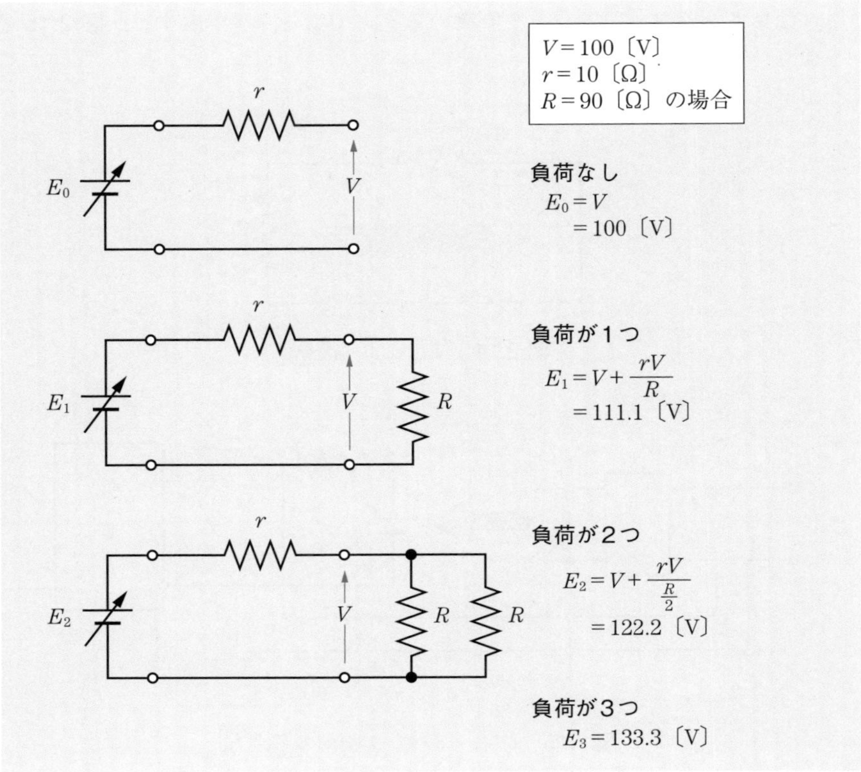

$V=100$〔V〕
$r=10$〔Ω〕
$R=90$〔Ω〕の場合
r
E_0
V
負荷なし
$E_0=V$
$=100$〔V〕
r
E_1
V
R
負荷が１つ
$E_1=V+\frac{rV}{R}$
$=111.1$〔V〕
r
E_2
V
R
R
負荷が２つ
$E_2=V+\frac{rV}{\frac{R}{2}}$
$=122.2$〔V〕
負荷が３つ
$E_3=133.3$〔V〕

図 2.13　負荷に応じた電源電圧

2.3 フィードバックの役割

それでは前節の例において,電線の抵抗がわからない場合,あるいは負荷の大きさや変化がわからない場合に電圧を所定値に保つためにはどうしたらよいであろうか? 図 2.14 に示すように,対象とする電圧 V を検出してそれが目標とする電圧 V_0 とずれていれば,ずれを減らすように電源の電圧 E を修正する調整をすればよい.すなわち

> $V > V_0$ ならば E を下げる
> $V < V_0$ ならば E を上げる
> その結果の V を V_0 と比較し,
> $V = V_0$ となるまで繰り返す

これはまさしく**フィードバック制御**の考え方である.図で表すと,図 2.15 となる.

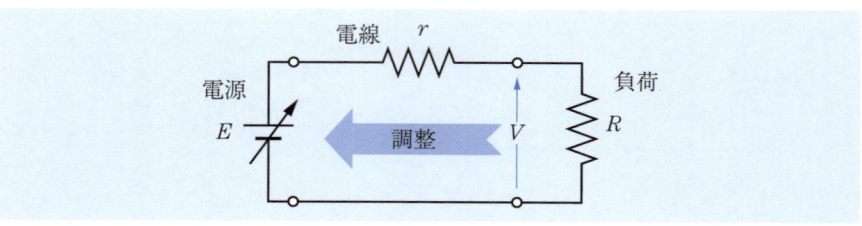

図 2.14 検出による調整

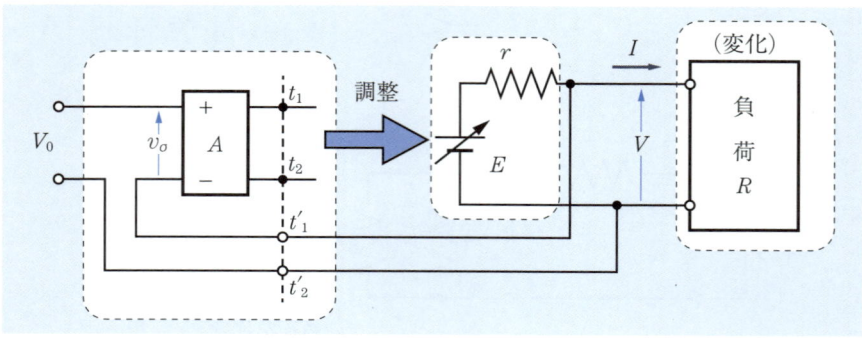

図 2.15 フィードバック制御の考え方

2.3 フィードバックの役割

これを，図 2.16 の増幅度 A の比較増幅器で実現する回路の例を図 2.17 に示す．ここで成り立つ関係は

$$\begin{cases} V = V_A - rI \\ V_A = A(V_0 - V) \end{cases}$$

$$\therefore \quad V = \frac{A}{1+A}V_0 + \frac{1}{1+A}(-rI)$$

である．$\frac{A}{1+A}V_0$ は，目標とする電圧 V_0 に関する項であるが，A が大きくなればなるほど，V_0 に近づいていく．また，$\frac{1}{1+A}(-rI)$ は，電圧降下 rI による影響を表す項であるが，A が大きくなればなるほど 0 に近づいていく．

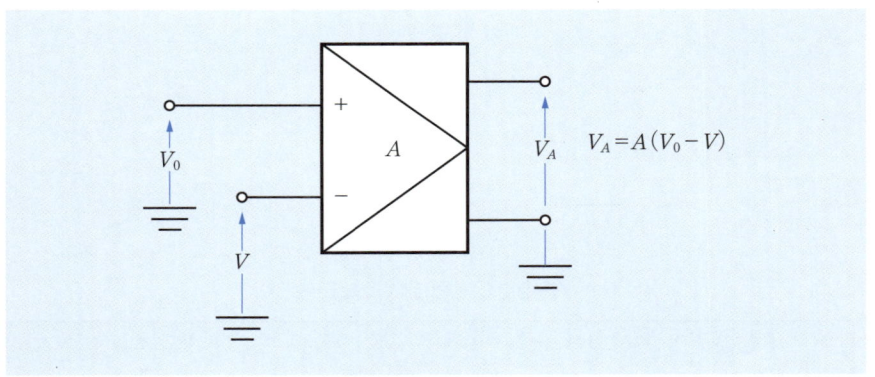

図 2.16　比較増幅器

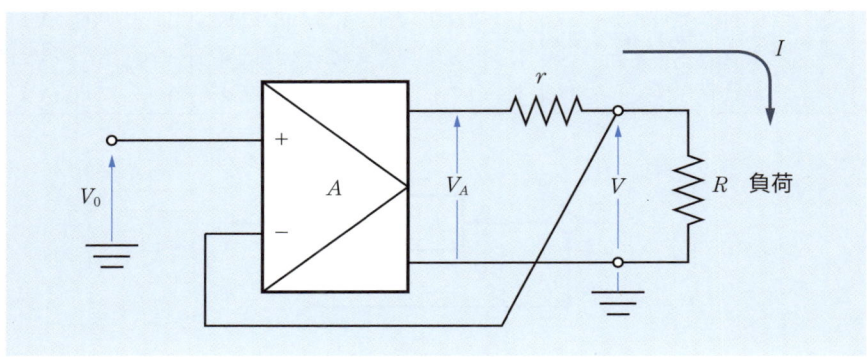

図 2.17　比較増幅器で実現する回路例

負荷による変動がフィードバック制御によりどのように小さくなるかを，増幅度 A の値に応じて計算した例を表2.2に示す．A を大きくすると，フィードバック制御をしない場合に比べて，外乱による変動が小さくなっていることがわかる．

一般にフィードバック制御系は，目標値を制御量と比較し，制御偏差を0とするように修正操作を加えるものであるが，その効果について概念的に確かめてみよう．

いま，図2.18に示すように，増幅度 K の増幅器でフィードバック制御系を組み，目標値 r を与え制御量 c を得た．c を求めてみる．制御偏差を e とすると

$$e = r - c$$

であるので

$$c = Ke$$
$$= K(r - c)$$
$$\therefore \quad c = \frac{1}{1 + 1/K} r$$

表2.2 増幅度による比較

$V_0 = 100$ [V], $r = 10$ [Ω], 負荷1つ $= 90$ [Ω]	$A = 9$	$A = 99$	フィードバックなし
無負荷	$V = 90.0$ [V]	$V = 99.0$ [V]	$V = 100.0$ [V]
負荷1つ	$V = 89.0$ [V]	$V = 98.9$ [V]	$V = 90.0$ [V]
負荷2つ	$V = 88.0$ [V]	$V = 98.8$ [V]	$V = 81.8$ [V]
負荷3つ	$V = 87.1$ [V]	$V = 98.7$ [V]	$V = 75.0$ [V]

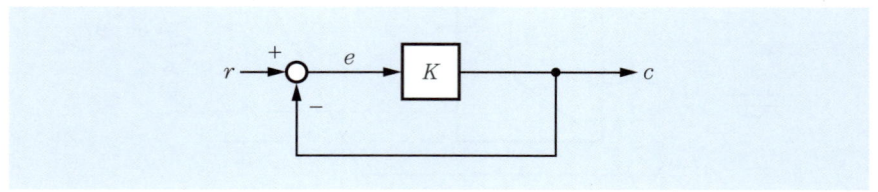

図 2.18 フィードバック制御系

となる．K が十分に大きいとき

$$1 + \frac{1}{K} \approx 1$$

となり

$$c \approx r$$

を得る．

もし，この系に外乱 d が図 2.19 に示すように入ったとしよう．このとき，制御量はどれだけ変動するであろうか．

$$c = Ke + d$$

となるが

$$e = r - c$$

であるので

$$c = K(r - c) + d$$
$$\therefore \quad c = \frac{1}{1 + 1/K} r + \frac{1}{1 + K} d$$

を得る．外乱が入る前の制御量は $\frac{1}{1+1/K} r$ であったので，外乱が入ったことによる変動は結局，$\frac{1}{1+K} d$ である．もし，フィードバックがなければ，制御量の変動は d となるが，フィードバック制御により変動は $\frac{1}{1+K}$ 倍に抑えられている．K が十分に大きければ，外乱による影響は 0 に近くなる．これは，フィードバック制御の効果である．

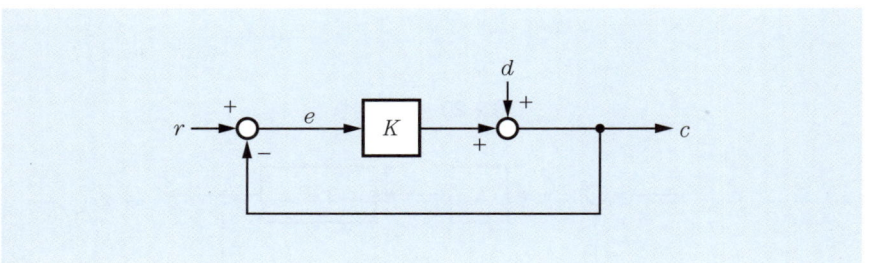

図 2.19　外乱が加わったフィードバック制御系

2.4 フィードバック制御系に発生する現象

フィードバックの効果は，フィードバックループの増幅度が大きいほどよいことがわかったが，先の例では入力から出力までの遅れは全くない理想状態で考えていた．しかし，現実の要素では，入力から出力までの遅れを伴うものが多い．この遅れがあると，次のような現象が発生する．

いま，要素の伝達の遅れとして，図 2.20 に示すような入力と出力が時間 τ だけずれるものを考える．これが図 2.21 に示すフィードバック系に入っていたとする．このときの制御量 c を求めてみよう．τ の遅れがあるため，時刻 t における制御量 $c(t)$ は

$$c(t) = Ke(t-\tau)$$

となる．時刻 t における制御偏差 $e(t)$ は

$$e(t) = r - c(t)$$

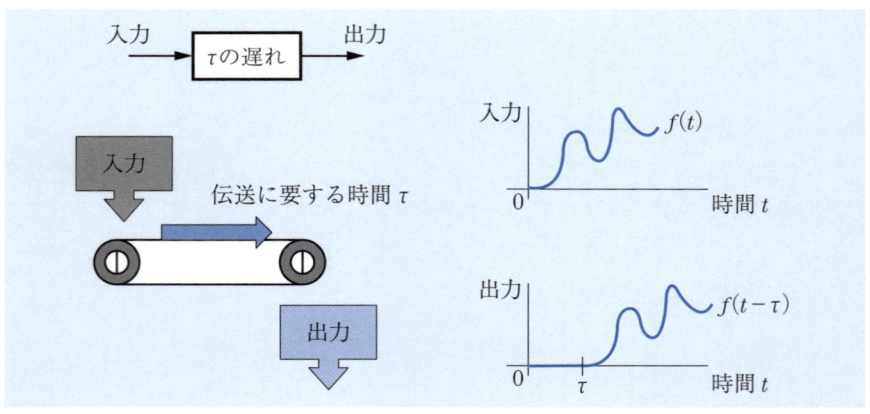

図 2.20　τ の遅れ

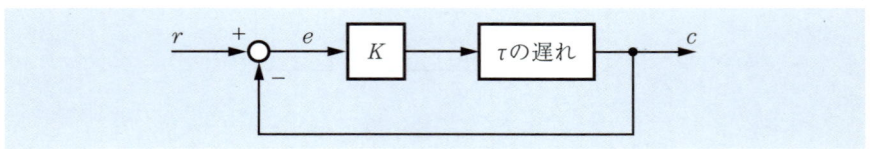

図 2.21　遅れを含むフィードバック系

2.4 フィードバック制御系に発生する現象

である．$c(t)$ の値が時間とともにどのようになるかを表を使って求めると**表 2.3**となる．ただし，r は一定とし，また制御量の初期値は 0 とする．この結果を，K の大きさを変えて図示すると**図 2.22**となる．

これより，この例では

> K が 1 より小さいとき，振動しながら収束し，その収束値は
> $$\frac{1}{1+1/K}r$$
> である．
> $K=1$ のとき，0 と r の間で振動を持続する．
> K が 1 より大きいとき，発散する．

ことがわかる．遅れがある場合，増幅度を一定の値より大きくすると不安定な現象を起こしてしまうことがある．遅れの特性により異なる．

フィードバックの効果として，制御偏差や外乱による影響を小さくするためには，増幅度を大きくしたい．しかし，遅れがある場合には，増幅度を大きくすると安定性が悪くなってくることがある．これをうまく解決する必要がある．そのための方法について，以下の章で考えていこう．

表 2.3 各時刻における制御量

t	$c(t) = Ke(t-\tau)$	$e(t) = r - c(t)$
$0 \sim \tau$	0	r
$\tau \sim 2\tau$	Kr	$(1-K)r$
$2\tau \sim 3\tau$	$K(1-k)$	
	⋮	⋮

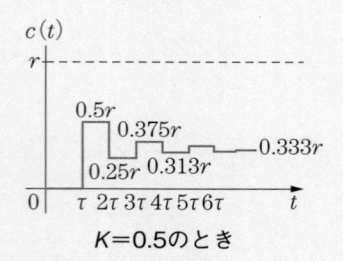

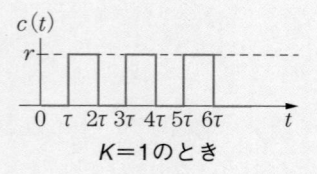

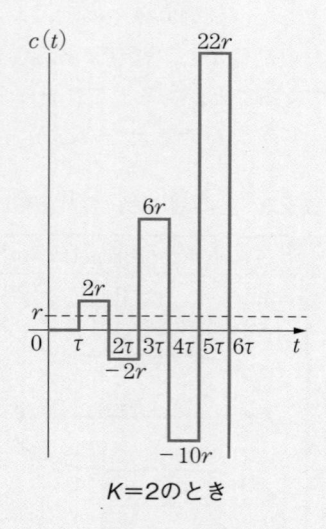

図 2.22 増幅度 K による応答の変化

2章の問題

☐ **1** ワットの調速機により回転速度が制御される仕組みを説明せよ．

☐ **2** 制御対象に外乱が入ったとき，制御がなければどのようなことになるかを説明せよ．

☐ **3** フィードバック制御がなされている例をあげ，その系のブロック図を描き，制御対象・操作部・調節部や目標値・操作量・制御量などを具体的に記せ．

☐ **4** 図1に示すフィードバック制御系において，外乱 d が図 (a), (b) に示すように入ったとき，それぞれ制御量はどうなるか？ 得られた結果から，外乱とフィードバック制御の関係について考察せよ．

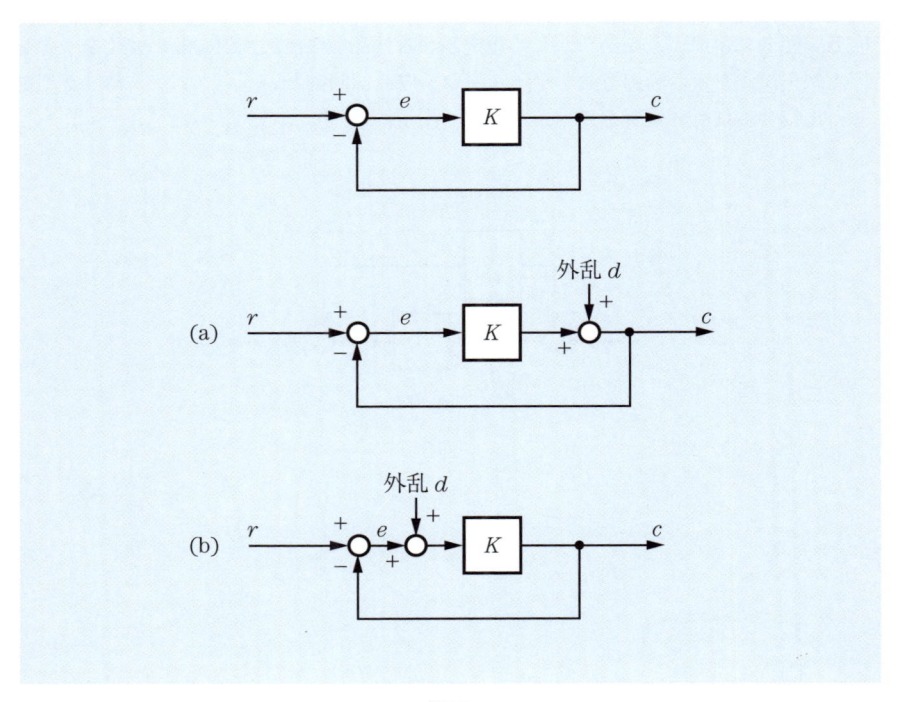

図1

5 図2に示すフィードバック制御系において，制御対象 A の特性が $A+\Delta A$ に変化したとする．このとき，制御量はどれだけ変化するか？ また K が十分に大きい場合は，どうなるか？

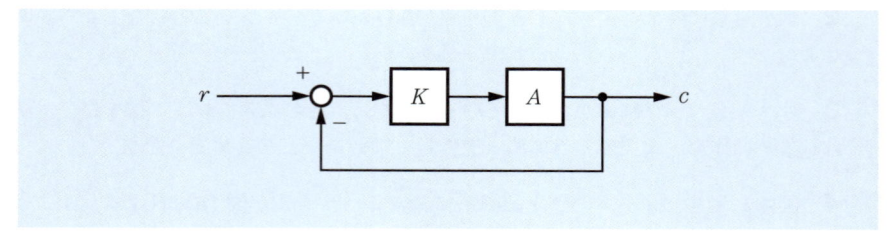

図2

6 図3に示すようなあらかじめ想定される外乱を検出して制御量の変化を予想して修正操作をする制御方法を**フィードフォワード制御**という．フィードバック制御と比較し，長所と短所を述べよ．

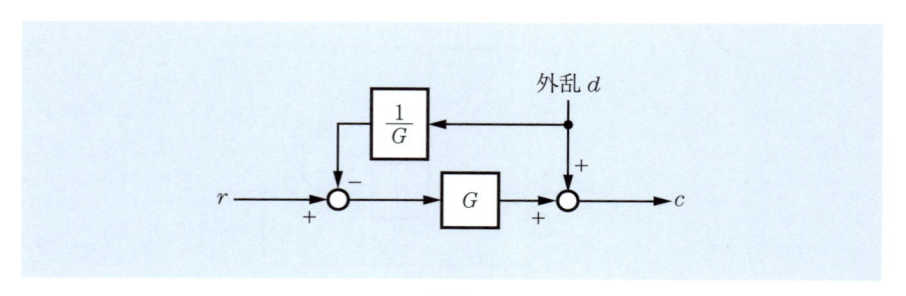

図3

第3章
制御系の表現
—ブロック線図—

　制御系においては，前章で見てきたように与えられた目標値がそれぞれの機能要素を伝わり，最終的な制御量に至る．最終的な制御量に至るまでの間の各要素では，印加された入力に応じて所要の出力を発生している．そして前段の出力が次段の入力となり，最終出力を得る．これらの伝達の関係を明確に表現するために，ブロック線図を用いる．

第3章 制御系の表現—ブロック線図—

3.1 信号の伝達

制御系を構成する各要素では印加された入力に対して所要の出力を発生するが，制御系の中では多くの種類の物理量を取り扱っている．しかも，入力された物理量を要素が変換して，別の物理量として出力することも多い．

たとえば，図 3.1 に示すように，直流モータにおいては電圧という電気量を入力としているが，出力は回転速度という機械量となっている．また，図 3.2 のアンプの例では，音声という情報としての入力が増幅されてパワーとして出力されている．

これらの諸量を区別していては制御系全体の関係が捉えにくいので，統一的に**信号**として扱う．一般に信号というと，パワーと区別した意味として使用されることが多いが，ここでは制御系の各要素の入力や出力の量という意味である．

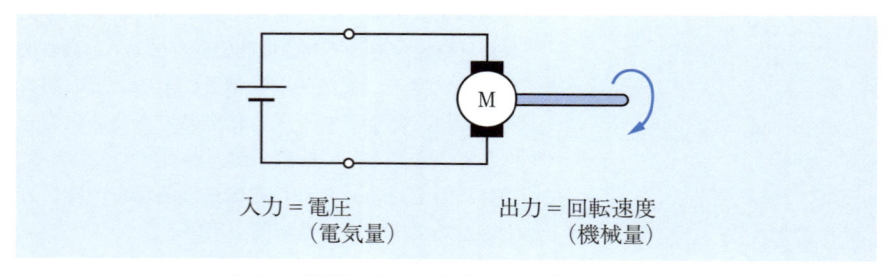

図 3.1　要素における物理量の変換の例 (1)

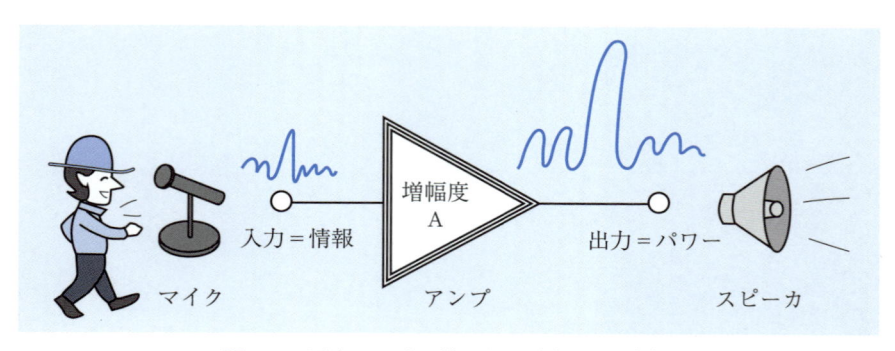

図 3.2　要素における物理量の変換の例 (2)

3.2 ブロック線図の構成

(1) ブロック

制御系を構成している各要素を □ で表すこととし，これを**ブロック**とよぶ．図 3.3 に示すように，ブロックには入力信号が印加され，入力信号に対して所要の操作を施し出力信号を生成し出力する．信号の入出力はブロックへの矢印で表す．

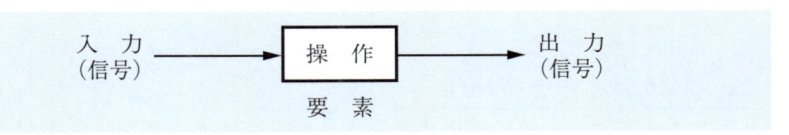

図 3.3 ブロックと入出力

すなわち，入力信号 x がブロックに印加され，ブロックが入力信号に対して F という操作を加え，y という出力信号を発生する場合

$$y = Fx$$

となるが，ブロック線図では図 3.4 のように表す．

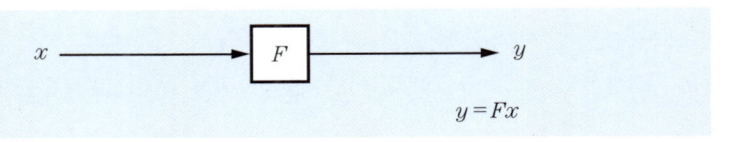

図 3.4 伝達関係の記述

ここで，ブロックでの操作内容 F は，この要素における入力信号から出力信号への伝達関係を表しており，これを**伝達関数**とよぶ．

例として，抵抗 R に電圧 v を印加して電流 i を出力させる場合を図 3.5 (a) に示す．オームの法則により

$$i = \frac{1}{R}v$$

であるから，図 3.5 (b) のようなブロックとなる．ここで，v から i への伝達関数は，次式である．

$$\frac{出力}{入力} = \frac{i}{v} = \frac{1}{R}$$

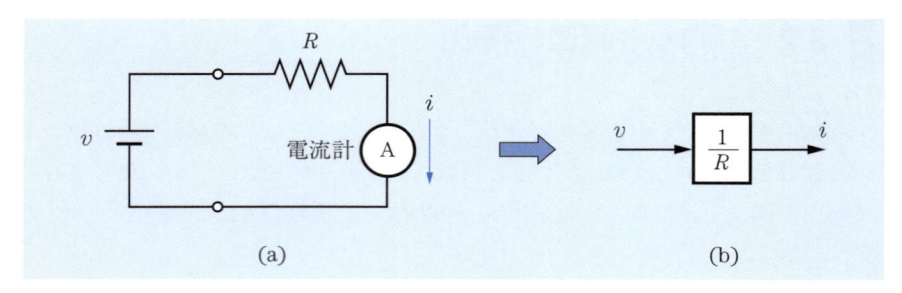

図 3.5　ブロックの例

(2) 信号の加え合せ・引出し

　系によっては，いくつかの信号を加え合せて 1 つの信号とする場合がある．たとえば，x という信号と y という信号を加算したものを z という信号にする場合

$$z = x + y$$

である．これを，図 3.6 に示すように**加算点○**により表現する．また，信号の差を求めるなどの減算の場合，たとえば

$$z = x - y$$

は，図 3.7 に示すように減算したい信号を表す矢印に減算を表す $-$ を記す．

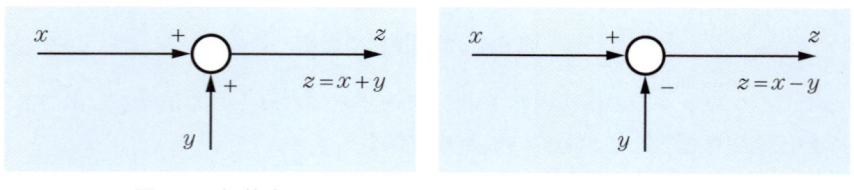

図 3.6　加算点　　　　　　　　図 3.7　減算の場合

　一方，同じ信号をいくつかの場所で使いたい場合もある．これは，図 3.8 に示す**引出し点●**を用いて表現する．引出し点より分岐された矢印で示される信号は，どれももとの信号と同じ信号である．ここで注意すべきことは，引出し点で信号を分岐して取り出すことは "観測" に相当しており，いくら分岐させても信号には影響を与えないことである．

3.2 ブロック線図の構成

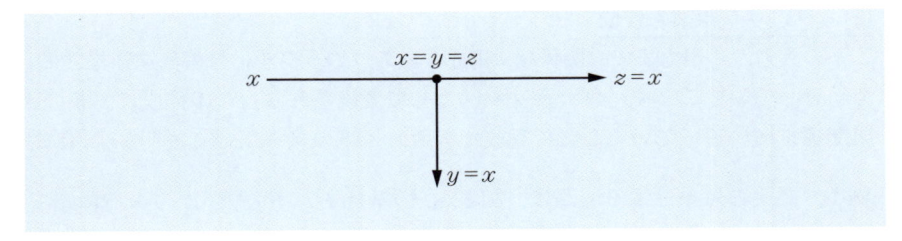

図 3.8 引出し点

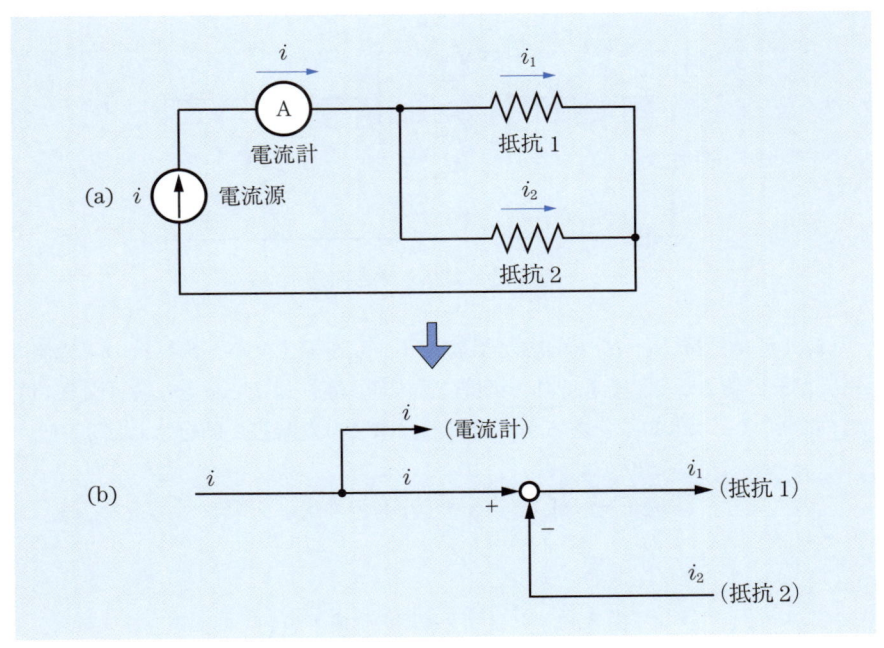

図 3.9 分岐の注意例

図 3.9 は，加算点と引出し点について注意を喚起する例である．これは，電流源 i からの電流を電流計で観測し，その後，抵抗 1 側に i_1，抵抗 2 側に i_2 と分流する回路である．この場合，信号の関係は図 (b) のとおりである．抵抗 1 と 2 への分流は引出し点ではないことに注意しよう．なぜなら，**回路図 (a)** の分流点では

$$i_1 = i - i_2$$

なる関係があるからである．

(3) ブロック線図の作成

系の入力から出力までの関係は，**構成要素のブロックを信号の伝達関係に従って結合していくこと**で，ブロック線図として表現される．この作成は，**系の因果関係を順に追っていくこと**で達成できる．以下の例を用いて説明しよう．

例1 記述の対象とする回路は，図 3.10 の抵抗 R_1, R_2, R_3 からなる回路で，入力として電圧 E を印加し出力として v を求めるものである．

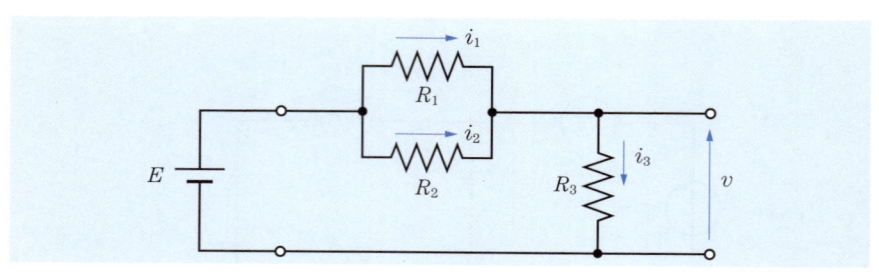

図 3.10 対象とする回路

(1) E は抵抗 R_1, R_2 に印加され電流 i_1, i_2 を発生する．両抵抗の下流側の電圧が v であるから，それぞれの抵抗の両端間の電圧は $E-v$ となる（図 3.11）．この時点で v は未知数であるが，最終的に求まった時点で結合すればよい．

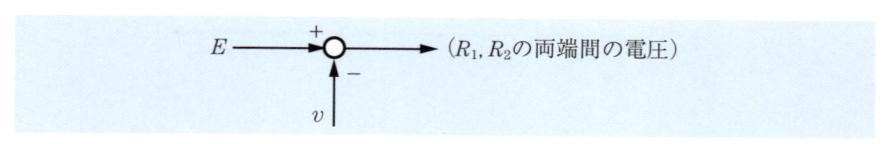

図 3.11 ブロック線図の作成手順 (1)

(2) (1) で求めた電圧により R_1 に電流が流れ i_1 となる（図 3.12）．その値は，電圧を抵抗値で割ればよい．

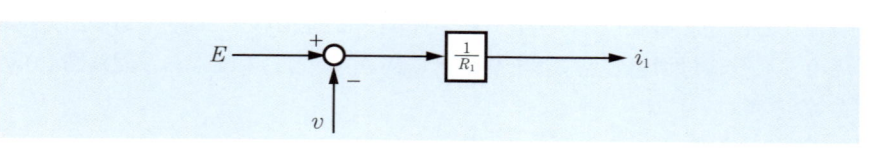

図 3.12 ブロック線図の作成手順 (2)

(3) R_2 に流れる電流 i_2 も (2) と同様に求まる（図 3.13）．

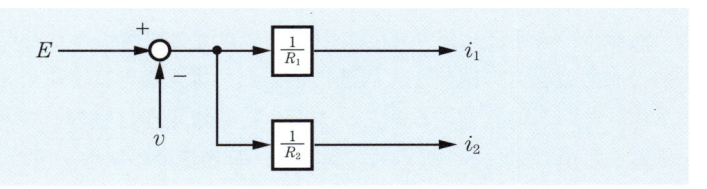

図 3.13 ブロック線図の作成手順 (3)

(4) i_1 と i_2 は合流して抵抗 R_3 を流れる電流 i_3 となる（図 3.14）．

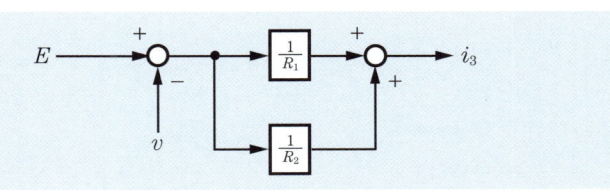

図 3.14 ブロック線図の作成手順 (4)

(5) i_3 が抵抗 R_3 を流れ v が発生する（図 3.15）．その値は電流値に抵抗値を掛けたものである．

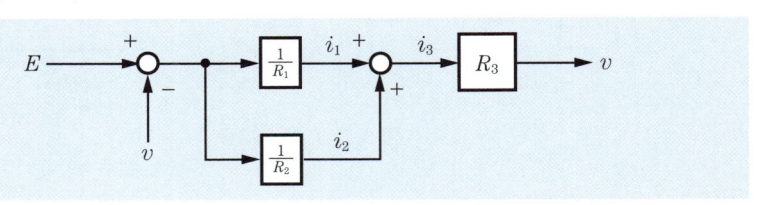

図 3.15 ブロック線図の作成手順 (5)

(6) (1) で未知数としておいていた v は，(5) で求めたものを与える（図 3.16）．

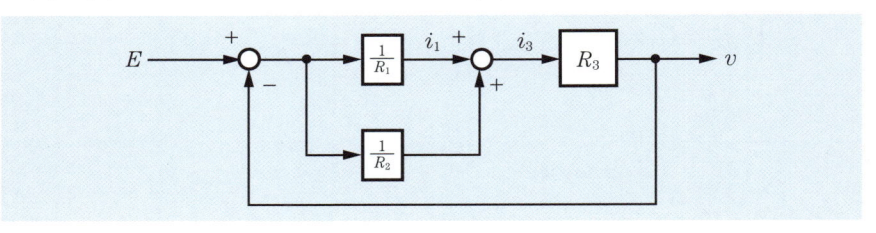

図 3.16 ブロック線図の作成手順 (6)

以上により，入力から出力までの関係がブロック線図により表現された． □

3.3 ブロック線図の等価変換

前節までの手法に従うことで、系をブロック線図により表現できる。しかし、系の入力と出力の関係を大局的に捉えたい場合などは詳細なブロック線図を簡単化したいという要求がある。また、複雑な場合は整理してわかりやすい形とすることが望まれる。これらに対して、**等価変換**の法則を用いることで、ブロック線図の簡単化が実現できる。

(1) ブロックの直列結合

ブロックが直列に結合されている場合、たとえば図 3.17 (a) において

$$\begin{cases} y = G_1 x \\ z = G_2 y \end{cases}$$
$$\therefore \quad z = G_2 G_1 x$$
$$= G_1 G_2 x$$

これは図 3.17 (b) に等しい。すなわち、直列に結合されたブロックは、それぞれのブロックの伝達関数の積を伝達関数とする1つのブロックと等価である。

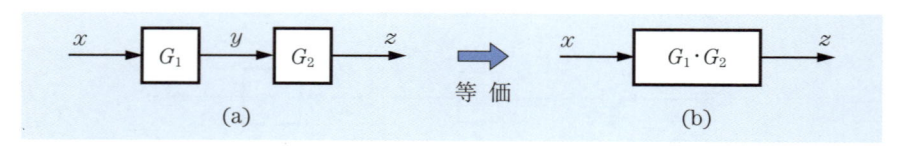

図 3.17 直列結合

(2) ブロックの並列結合

ブロックが並列に結合されている場合、たとえば図 3.18 (a) において

$$\begin{cases} y_1 = G_1 x \\ y_2 = G_2 x \end{cases}$$
$$\therefore \quad z = y_1 + y_2$$
$$= G_1 x + G_2 x$$
$$= (G_1 + G_2) x$$

これは図 3.18 (b) に等しい。すなわち、並列に結合されたブロックは、それぞれのブロックの伝達関数の和を伝達関数をする1つのブロックと等価である。

3.3 ブロック線図の等価変換

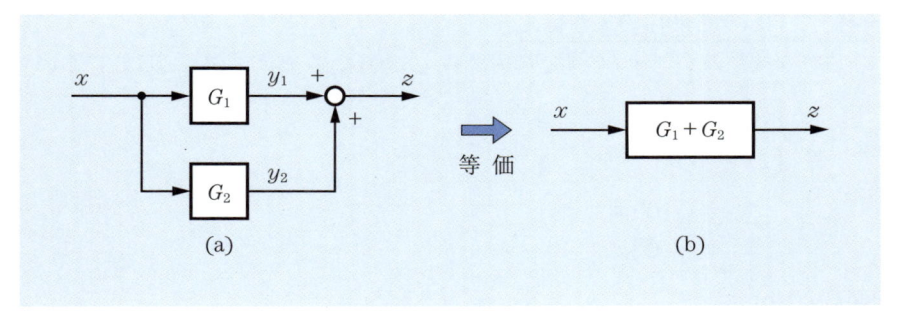

図 3.18 並列結合

(3) ブロックのフィードバック結合

ブロックがフィードバック結合されている場合，たとえば図 3.19 (a) において

$$\begin{cases} y = x - Hz \\ z = Gy \end{cases}$$

これより

$$z = Gx - GHz$$
$$(1 + GH)z = Gx$$
$$\therefore \quad z = \frac{G}{1+GH}x$$

これは図 3.19 (b) に等しい．すなわち，フィードバック結合されたブロックは，前向き要素の伝達関数を G，フィードバック要素の伝達関数を H とすると，$\frac{G}{1+GH}$ を伝達関数とする 1 つのブロックと等価である．

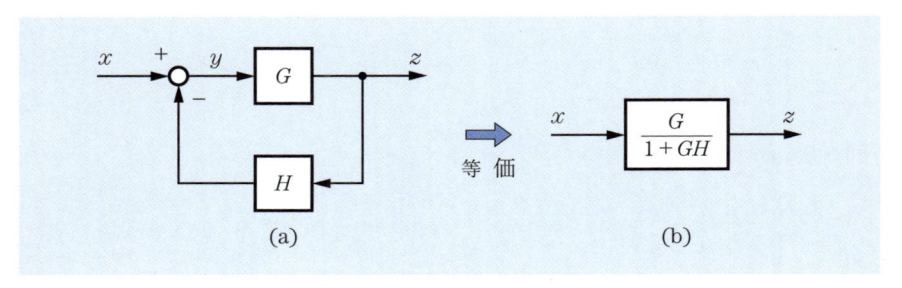

図 3.19 フィードバック結合

(4) ブロックの順序の入れ替え

直列な複数のブロックの順序の入れ替えた場合，たとえば図 3.20 (a) において

$$\begin{cases} y_1 = G_1 x \\ z = G_2 y_1 \end{cases}$$
$$\therefore \quad z = G_2 G_1 x = G_1 G_2 x$$

図 3.20 (b) は

$$\begin{cases} y_2 = G_2 x \\ z = G_1 y_2 \end{cases}$$
$$\therefore \quad z = G_1 G_2 x$$

であり，両者の最終出力は等しい．よって，直列に結合されたブロックにおいて，その順序を入れ替えても等価である．

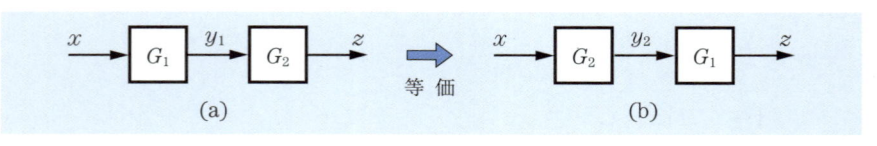

図 3.20　直列ブロックの順序の入れ替え

(5) 加算点の順序の入れ替え

隣接した複数の加算点の順序の入れ替えた場合，たとえば図 3.21 (a) においては

$$\begin{cases} a = x + y_1 \\ z = a + y_2 \end{cases}$$
$$\therefore \quad z = x + y_1 + y_2$$

図 3.21 (b) は

$$\begin{cases} b = x + y_2 \\ z = b + y_1 \end{cases}$$
$$\therefore \quad z = x + y_2 + y_1$$

3.3 ブロック線図の等価変換

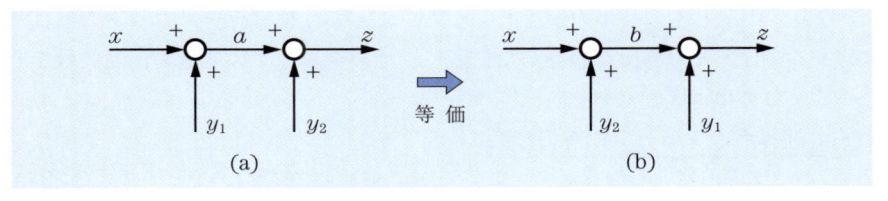

図 3.21 加算点の順序の入れ替え

であり，両者の最終出力は等しい．よって，隣接した加算点は，順序を入れ替えても等価である．

(6) 加算点のブロック前への移動

ブロックの後にある加算点をブロックの前に移動する場合，たとえば図 3.22 (a) において

$$\begin{cases} a = Gx \\ z = a + y \end{cases}$$
$$\therefore \quad z = Gx + y$$

そこで，図 3.22 (b) のようにすると

$$\begin{cases} b = \dfrac{1}{G}y \\ c = x + b \\ z = Gc \end{cases}$$
$$\therefore \quad z = G\left(x + \dfrac{1}{G}y\right) = Gx + y$$

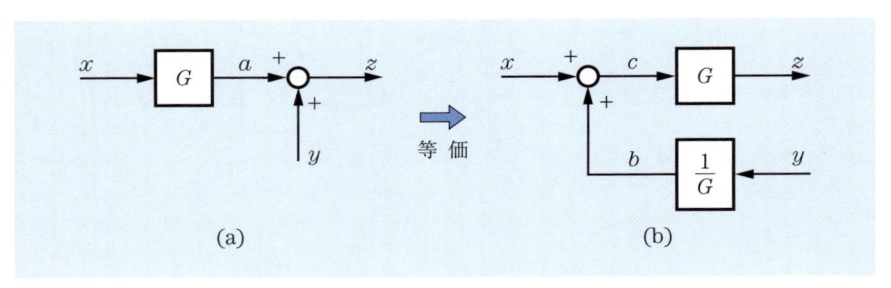

図 3.22 加算点のブロック前への移動

となり,両者とも最終出力が等しくなる.よって,加算点をブロックの前に移動する場合,入力場所を移動した信号に,そのブロックの逆数の伝達関数を介して入力すれば等価である.

(7) 加算点のブロック後への移動

ブロックの前にある加算点をブロックの後へ移動する場合,たとえば図 3.23 (a) において

$$\begin{cases} a = x + y \\ z = Ga \end{cases}$$
$$\therefore \quad z = G(x + y)$$

そこで,図 3.23 (b) のようにすると

$$\begin{cases} b = Gx \\ c = Gy \\ z = b + c \end{cases}$$
$$\begin{aligned}\therefore \quad z &= Gx + Gy \\ &= G(x + y)\end{aligned}$$

となり,両者とも最終出力が等しくなる.よって,加算点をブロックの後へ移動する場合,移動した信号にそのブロックの伝達関数を介して入力すれば等価である.

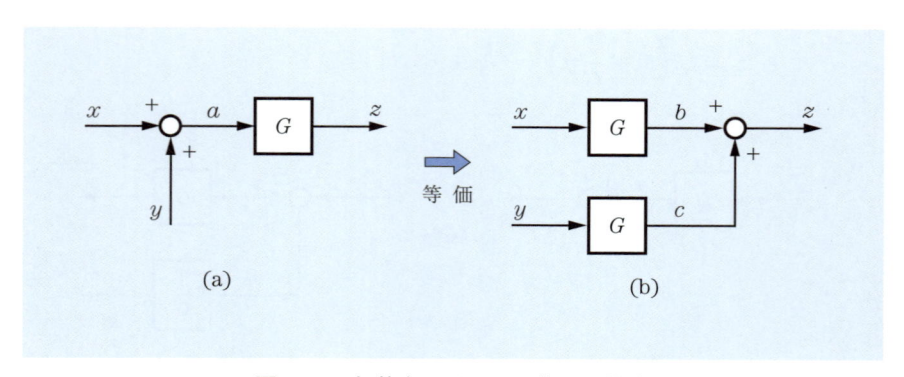

図 3.23　加算点のブロック後への移動

(8) 引出し点の順序の入れ替え

隣接した引出し点の順序を入れ替えた場合，図 3.24 (a) においては

$$a = b = x$$

図 3.24 (b) は

$$a = b = x$$

であり，両者とも等しい．よって，隣接した引出し点は順序を入れ替えても等価である．

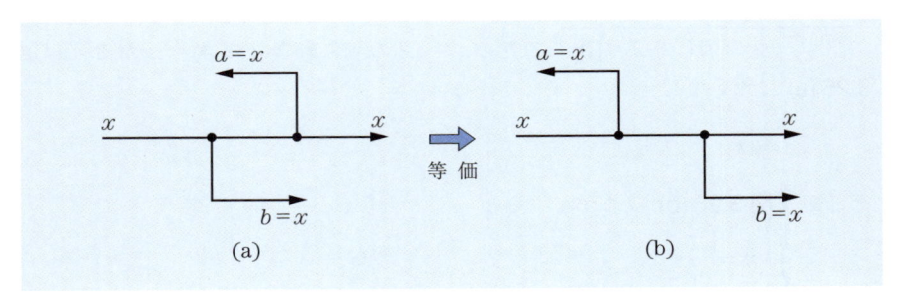

図 3.24　引出し点の入れ替え

(9) 引出し点のブロック前への移動

ブロックの後にある引出し点をブロックの前に移動する場合，たとえば，図 3.25 (a) においては

$$z = y = Gx$$

そこで，図 3.25 (b) のようにすると

$$\begin{cases} y = Gx \\ z = Gx \end{cases}$$
$$\therefore \quad z = y \\ = Gx$$

となり，最終出力が等しくなる．よって，引出し点をブロック前に移動する場合，移動した信号にそのブロックの伝達関数を介すれば等価である．

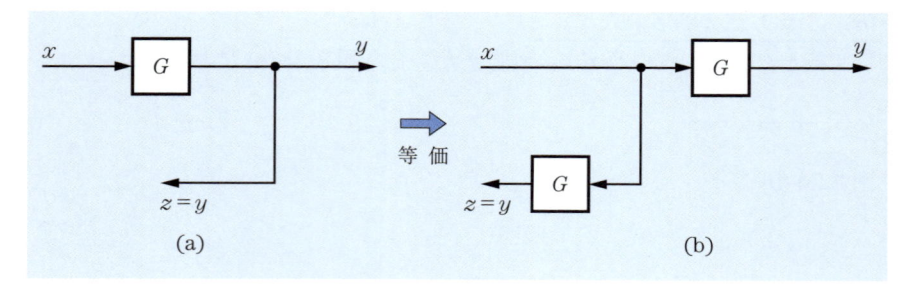

図 3.25 引出し点のブロック前への移動

(10) 引出し点のブロック後への移動

ブロックの前にある引出し点をブロックの後に移動する場合，たとえば図 3.26 (a) においては

$$z = x$$

そこで，図 3.26 (b) のようにすると

$$\begin{cases} y = Gx \\ z = \dfrac{1}{G} y \end{cases}$$

$$\therefore \quad z = \dfrac{1}{G} Gx = x$$

となり，最終出力が等しくなる．よって，引出し点をブロック後に移動する場合，移動した信号にブロックの伝達関数の逆数を介すれば等価である．

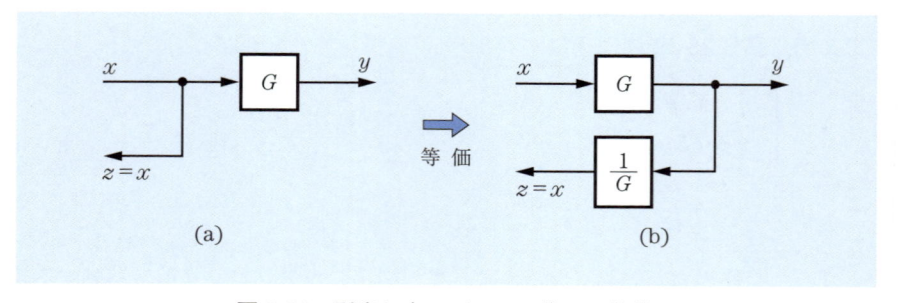

図 3.26 引出し点のブロック後への移動

3.3 ブロック線図の等価変換

(11) 信号の方向の反転

ブロックへの信号の入出力の方向を反転する場合，たとえば図 3.27 (a) においては

$$y = Gx$$

そこで，図 3.27 (b) のようにすると

$$x = \frac{1}{G}y$$
$$\therefore \quad y = Gx$$

となり，入出力信号間の関係は等しくなる．よって，ブロックへの入出力の信号の向きを反転しても，ブロックの伝達関数をもとの関数の逆数とすれば，入出力信号間の関係は等価である．

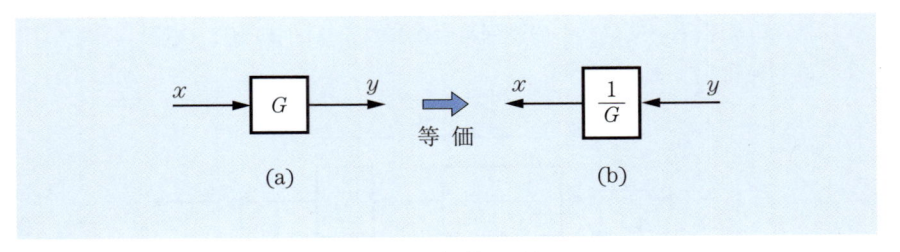

図 3.27 信号の反転

(12) 等価変換における注意

ブロック線図の等価変換は，信号の入出力の数学的関係を等価に保った変換である．よって数学的には可能であっても，実際の系の実現において等価な変換が可能であるとは限らないことに注意しなくてはならない．

たとえば，図 3.2 のアンプの例では，ブロック線図の上では等価変換によって信号の反転ができるが，現実にはアンプの出力側から信号を印加して入力側から $\frac{1}{A}$ の信号を取り出すことはできない．反転の意味としては，その出力を得るために必要な入力はいくらかを求めたことである．

これらの等価変換を用いて，ブロック線図の簡単化を行う手順を示そう．

例 2 図 3.16 の例を用いて，入力 E から出力 v までのひとまとめの伝達関数を求める．以下に段階を記す．

(1) まず，ブロックの並列結合をまとめる（図 3.28）．

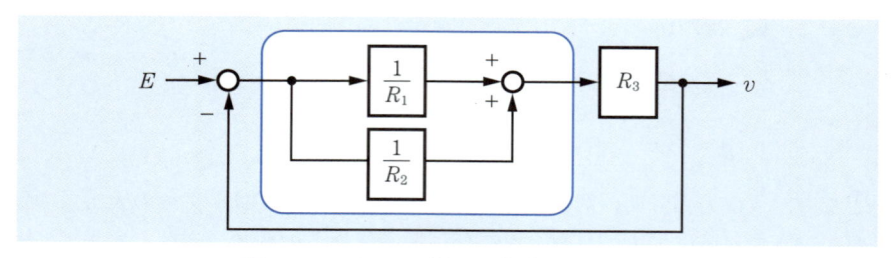

図 3.28 ブロック線図の簡単化の例 (1)

(2) (1) の結果，ブロックの直列結合が現れた（図 3.29）．次に，このブロックの直列結合をまとめる．

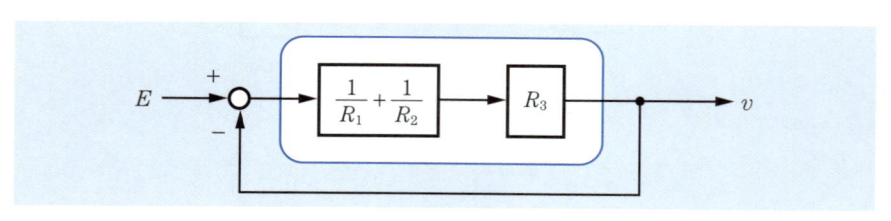

図 3.29 ブロック線図の簡単化の例 (2)

(3) (2) の結果，単純なフィードバック結合のみになった（図 3.30）．このブロックのフィードバック結合をまとめる．

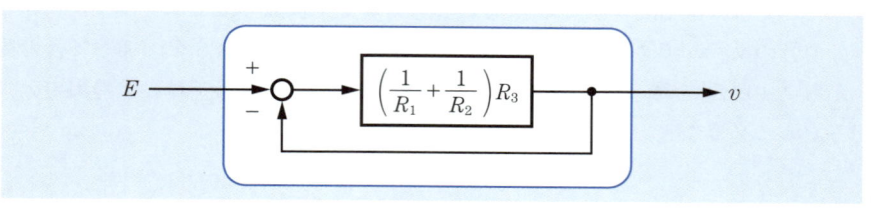

図 3.30 ブロック線図の簡単化の例 (3)

3.3 ブロック線図の等価変換

(4) (3) の結果,単一なブロックとなる(図 3.31).

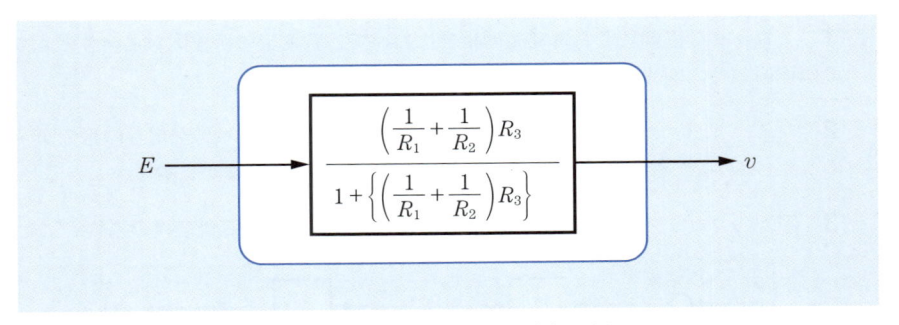

$$E \longrightarrow \boxed{\dfrac{\left(\dfrac{1}{R_1}+\dfrac{1}{R_2}\right)R_3}{1+\left\{\left(\dfrac{1}{R_1}+\dfrac{1}{R_2}\right)R_3\right\}}} \longrightarrow v$$

図 3.31 ブロック線図の簡単化の例 (4)

(5) ブロックの中の伝達関数を整理し,入力 E から出力 v に至る伝達関数が得られた(図 3.32).

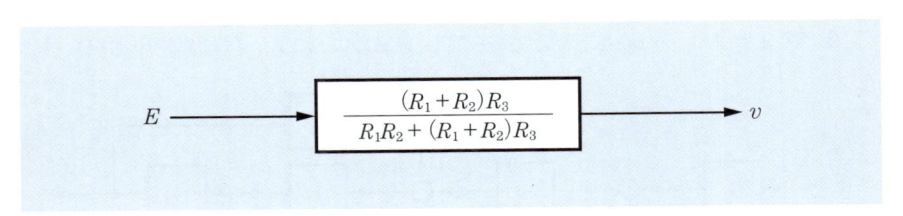

$$E \longrightarrow \boxed{\dfrac{(R_1+R_2)R_3}{R_1R_2+(R_1+R_2)R_3}} \longrightarrow v$$

図 3.32 ブロック線図の簡単化の例 (5)

このように等価変換を順次適用していくことでブロック線図の簡単化が図れる.なお,必要に応じて信号の加算点・引出し点の移動や反転を行い,ブロックの結合の変換が適用できる形に変形する. □

3章の問題

☐ **1** ブロックの直列結合および並列結合において，各要素の伝達関数と全体としての伝達関数との関係を説明せよ．

☐ **2** フィードバック結合において，加算点におけるフィードバック信号の符号が $+$ のときと $-$ のときでは，全体の伝達関数がどのように変わるかを示せ．

☐ **3** 図1のブロック線図を等価変換し，$\dfrac{Y}{X}$ を求めよ．また，等価変換の過程も示せ．

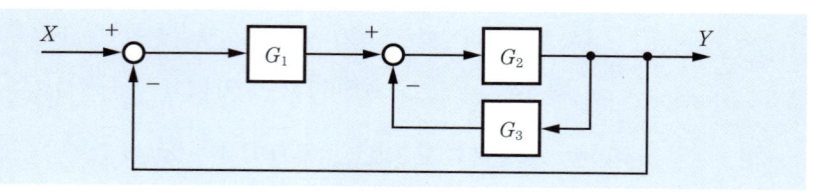

図1

☐ **4** 図2のブロック線図を等価変換し，$\dfrac{Y}{X}$ を求めよ．また，等価変換の過程も示せ．

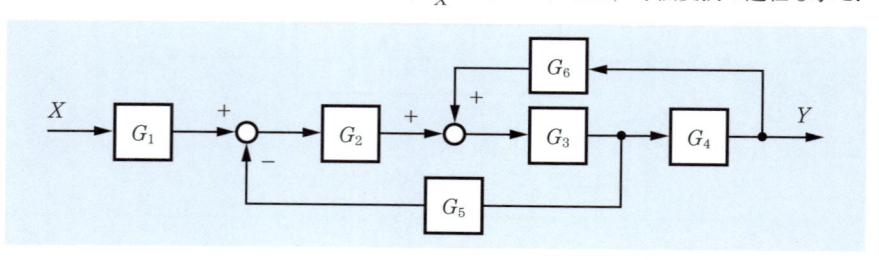

図2

☐ **5** 図3のブロック線図を等価変換し，$\dfrac{Y}{X}$ を求めよ．また，等価変換の過程も示せ．

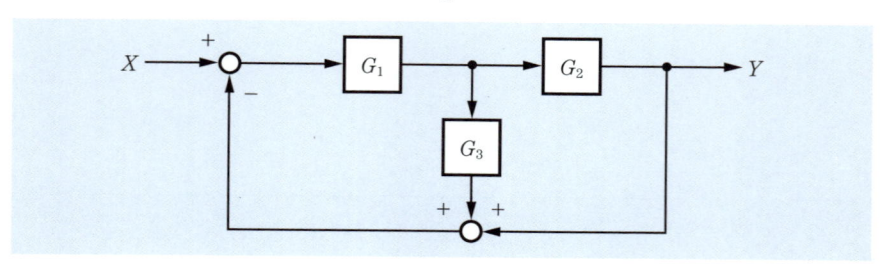

図3

第4章

制御系の数学的基礎
—ラプラス変換—

　3章では，システムの信号伝達をブロック線図で表現する方法を用いると，等価変換により簡単化できることを示した．そこでは，各要素の伝達関数が代数的に扱えることを前提としていた．しかし，要素にはいろいろあり，入力と出力の間に微分や積分などの関係が含まれるものもある．そのままだとブロック線図の等価変換が利用できないので，本章ではそれを解決する方法としてラプラス変換を学ぶ．

4.1 要素の入出力における微分や積分関係

3章の例で示した抵抗回路の場合は入出力の関係を代数方程式で記述できたが，コイルやコンデンサが含まれる場合は微分方程式となる．

たとえば，図 4.1 に示す抵抗の場合，電圧 v を入力とすると出力の電流 i は

$$i = \frac{v}{R}$$

である．一方，図 4.2 に示すコンデンサの場合は

$$i = C\frac{d}{dt}v$$

である．

一般に多くの物理現象は微分方程式で表されるが，それを直接に解くことは容易とは限らない．ブロック線図の等価変換の考え方を利用して代数方程式として容易に解くためには，微分方程式を代数方程式として扱えることが必要である．そこで，ラプラス変換を利用する．

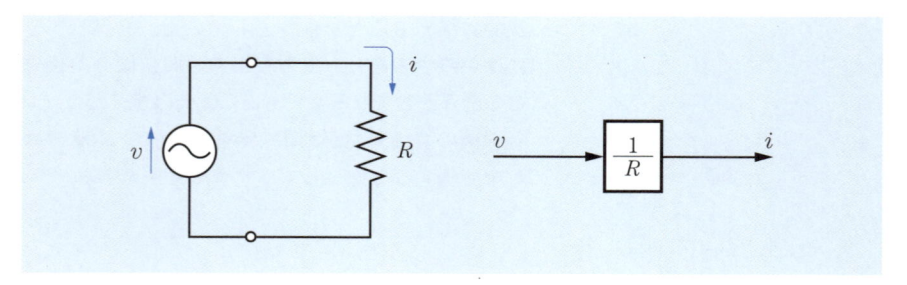

図 4.1 抵抗の場合

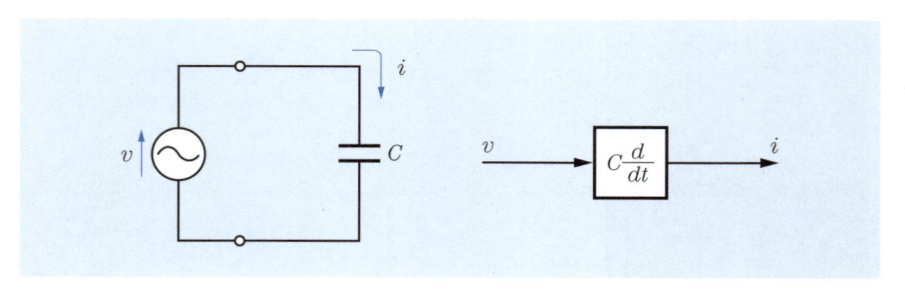

図 4.2 コンデンサの場合

4.2 ラプラス変換と微分, 積分[†]

(1) ラプラス変換の定義

$t \geq 0$ で定義された時間関数 $f(t)$ において($t < 0$ で $f(t) = 0$ とする)

$$\int_0^\infty |f(t)| e^{-\sigma t} dt < \infty$$

とする実数 σ が存在するとき,$f(t)$ はラプラス変換可能であるという.ラプラス変換可能な関数 $f(t)$ について,複素パラメータ s を

$$\text{Re}(s) \geq \sigma$$

とする.この $f(t)$ および s について

$$F(s) = \int_0^\infty f(t) e^{-st} dt \tag{4.1}$$

を $f(t)$ の**ラプラス変換**という.簡略に

$$F(s) = \mathcal{L}[f(t)] \tag{4.2}$$

と書く.すなわち,$\mathcal{L}[\ ]$ またはもとの関数名を大文字とすることにより,ラプラス変換された関数であることを明示する.まずは,ラプラス変換による性質を見てみよう.

(2) 関数の微分・積分

関数の微分 $\frac{d}{dt}f(t)$ のラプラス変換は式 (4.1) の定義より

$$\mathcal{L}\left[\frac{d}{dt}f(t)\right] = \int_0^\infty \left[\frac{d}{dt}f(t)\right] e^{-st} dt$$

$$= [f(t)e^{-st}]_0^\infty + s\int_0^\infty f(t)e^{-st} dt = -f(0) + s\mathcal{L}[f(t)]$$

$$\therefore \quad \mathcal{L}\left[\frac{d}{dt}f(t)\right] = sF(s) - f(0) \tag{4.3}$$

ここで初期値 $f(0)$ が 0 であるとすれば,関数の微分のラプラス変換は,もとの関数のラプラス変換に s を掛けるという操作に対応することになる.

[†] 導出過程の説明の都合上難しい式も出てくるが,結果である　　　の部分を憶えておくことが重要である.

また，関数の積分 $\int_0^t f(\tau)d\tau$ のラプラス変換は式 (4.1) の定義より

$$\mathcal{L}\left[\int_0^t f(\tau)d\tau\right] = \int_0^\infty \left[\int_0^t f(\tau)d\tau\right] e^{-st} dt$$

$$= \left[-\frac{1}{s}e^{-st}\int_0^t f(\tau)d\tau\right]_0^\infty + \frac{1}{s}\int_0^\infty f(t)e^{-st} dt$$

$$= \frac{1}{s}\mathcal{L}[f(t)]$$

$$\therefore \quad \mathcal{L}\left[\int_0^t f(\tau)d\tau\right] = \frac{1}{s}F(s) \tag{4.4}$$

これより，関数の積分のラプラス変換は，もとの関数のラプラス変換を s で割るという操作に対応することになる．

(3) 関数の和・差

2 つの関数 $f_1(t)$ と $f_2(t)$ の和，または差のラプラス変換は，式 (4.1) の定義より

$$\mathcal{L}[f_1(t) \pm f_2(t)] = \int_0^\infty [f_1(t) \pm f_2(t)]e^{-st} dt$$

$$= \int_0^\infty f_1(t)e^{-st} dt \pm \int_0^\infty f_2(t)e^{-st} dt$$

$$= \mathcal{L}[f_1(t)] \pm \mathcal{L}[f_2(t)]$$

$$\therefore \quad \mathcal{L}[f_1(t) \pm f_2(t)] = F_1(s) \pm F_2(s) \tag{4.5}$$

これより，関数の和または差のラプラス変換は，もとの関数のラプラス変換の和または差であることがわかる．

(4) 関数の定数倍

ある関数 $f(t)$ の定数 k 倍のラプラス変換は，式 (4.1) の定義より

$$\mathcal{L}[kf(t)] = \int_0^\infty kf(t)e^{-st} dt$$

$$= k\int_0^\infty f(t)e^{-st} dt$$

$$= k\mathcal{L}[f(t)]$$

$$\therefore \quad \mathcal{L}[kf(t)] = kF(s) \tag{4.6}$$

これより，関数の定数倍のラプラス変換はもとの関数のラプラス変換の定数倍であることがわかる．

(5) 微分方程式

(2), (3), (4) の性質より時間 t の関数 $f(t)$ の微分方程式のラプラス変換は，s の関数 $F(s)$ の代数方程式となる．たとえば

$$T\frac{d}{dt}y(t) + y(t) = x(t) \tag{4.7}$$

なる微分方程式はラプラス変換すると

$$\mathcal{L}\left[T\frac{d}{dt}y(t) + y(t)\right] = \mathcal{L}[x(t)]$$

$$\mathcal{L}\left[T\frac{d}{dt}y(t)\right] + \mathcal{L}[y(t)] = \mathcal{L}[x(t)]$$

$$\therefore \quad T(sY(s) - y(0)) + Y(s) = X(s)$$

$y(0) = 0$ とすれば

$$TsY(s) + Y(s) = X(s)$$
$$(Ts+1)Y(s) = X(s) \tag{4.8}$$

という代数方程式となる．

(6) よく用いる時間関数のラプラス変換

次に，我々がよく用いる時間関数のラプラス変換を求めておこう．

(a) 単位インパルス関数：物を叩くなど，衝撃を与えたときのような単一パルス波形を表す関数で，これを理想化したものを**単位インパルス関数（デルタ関数）** $\delta(t)$ とよぶ．すなわち図 4.3(a) において Δ を無限に 0 に近づけ，同図 (b) のように

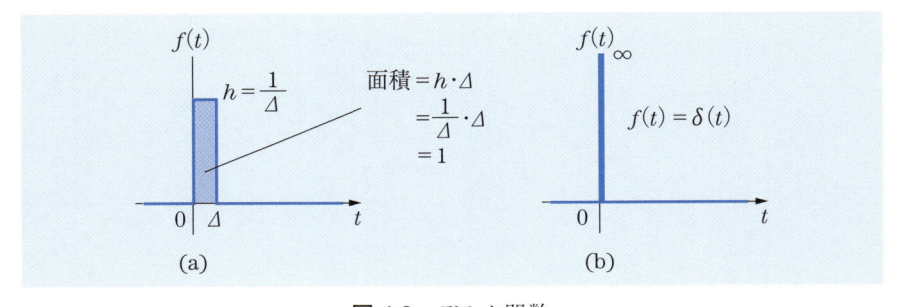

図 4.3　デルタ関数

$$\delta(t) = \begin{cases} \infty & (t = 0) \\ 0 & (t \neq 0) \end{cases}$$

としたものである．ここで，面積が $\frac{1}{\Delta} \cdot \Delta = 1$ より

$$\int_0^\infty \delta(t) dt = 1$$

である．よって，そのラプラス変換は

$$\begin{aligned}
\mathcal{L}[\delta(t)] &= \int_0^\infty \delta(t) e^{-st} dt \\
&= \lim_{\Delta \to 0} \left[\int_0^\Delta \delta(t) e^{-st} dt \right] \\
&= \lim_{\Delta \to 0} \int_0^\Delta \delta(t) dt \\
&= 1
\end{aligned}$$

（b）単位ステップ関数：スイッチを OFF から ON にしたときのようなステップ状の波形を表す関数で，その大きさが 1 であるものを**単位ステップ関数** $u(t)$ とよぶ．図 4.4 に示すように

$$u(t) = \begin{cases} 0 & (t < 0) \\ 1 & (t \geq 0) \end{cases}$$

である．このラプラス変換は

$$\mathcal{L}[u(t)] = \int_0^\infty 1 \cdot e^{-st} dt = \left[-\frac{1}{s} e^{-st} \right]_0^\infty = \frac{1}{s}$$

である．

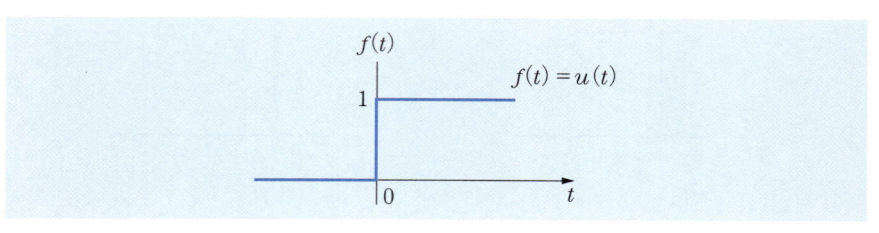

図 4.4　単位ステップ関数

4.2 ラプラス変換と微分,積分

(c) 単位ランプ関数:一定の速度で動いているような状況を表すランプ状の波形を表す関数で,その傾きが 1 であるものを**単位ランプ関数**とよぶ.図 4.5 に示すように

$$f(t) = \begin{cases} 0 & (t < 0) \\ t & (t \geq 0) \end{cases}$$

である.このラプラス変換は

$$\mathcal{L}[f(t)] = \int_0^\infty t \cdot e^{-st} dt = \left[-\frac{1}{s} t e^{-st}\right]_0^\infty + \frac{1}{s} \int_0^\infty e^{-st} dt$$
$$= \left[-\frac{1}{s^2} e^{-st}\right]_0^\infty = \frac{1}{s^2}$$

となる.

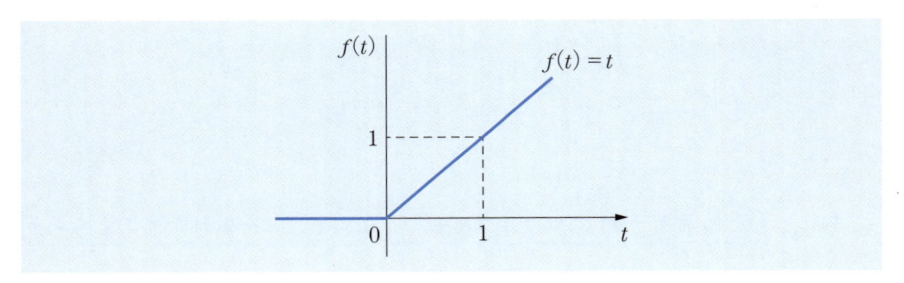

図 4.5 単位ランプ関数

(d) 指数関数:減衰などの状況でよく現れる指数関数は,図 4.6 に示すように

$$f(t) = \begin{cases} 0 & (t < 0) \\ e^{-at} & (t \geq 0) \end{cases}$$

である.このラプラス変換は

$$\mathcal{L}[f(t)] = \int_0^\infty e^{-at} \cdot e^{-st} dt = \int_0^\infty e^{-(s+a)t} dt$$
$$= \left[-\frac{1}{s+a} e^{-(s+a)t}\right]_0^\infty = \frac{1}{s+a}$$

となる.

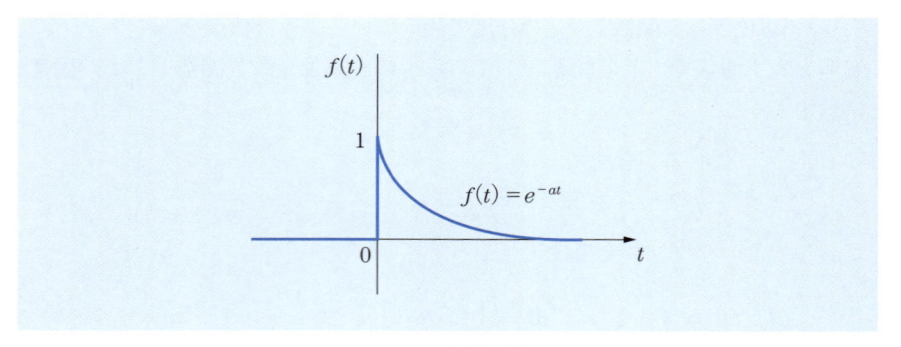

図 4.6 指数関数

(e) **時間の推移**：ある時間関数 $f(t)$ に対し図 4.7 に示すように τ だけずれた関数 $f(t-\tau)$ のラプラス変換は

$$\begin{aligned}
\mathcal{L}[f(t-\tau)] &= \int_0^\infty f(t-\tau)e^{-st}dt \\
&= e^{-\tau s}\int_0^\infty f(t-\tau)e^{-s(t-\tau)}dt \\
&= e^{-\tau s}F(s)
\end{aligned}$$

であり，もとの関数 $f(t)$ のラプラス変換 $F(s)$ に $e^{-\tau s}$ を掛けたものとなる．

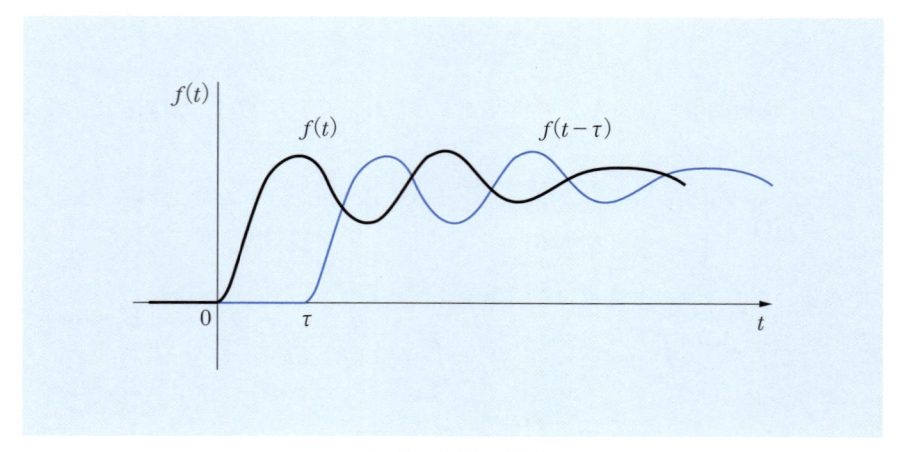

図 4.7 時間の推移

4.3 ラプラス変換の利用法

(1) ラプラス変換表

前節で示したとおり，定義に従って計算すれば，任意の関数のラプラス変換が求められる．しかし，毎度計算により求めることは繁雑である．そこで，我々がよく用いる関数については，あらかじめ対応関係を示した**ラプラス変換表**を用意し，これを用いることが一般的である．表 4.1, 4.2 にこれを示す．この表は，時間関数からそのラプラス変換を求める場合はもちろん，次に示すラプラス変換された関数からもとの時間関数を求めるラプラス逆変換にも使用される．

表 4.1 関数のラプラス変換

$f(t)$ ($t<0$ で $f(t)=0$)	$F(s) = \mathcal{L}[f(t)]$
$\delta(t)$	1
$u(t)$	$\dfrac{1}{s}$
t	$\dfrac{1}{s^2}$
t^2	$\dfrac{2}{s^3}$
t^n	$\dfrac{n!}{s^{n+1}}$
e^{-at}	$\dfrac{1}{s+a}$
$t^n e^{-at}$	$\dfrac{n!}{(s+a)^{n+1}}$
$\sin \omega t$	$\dfrac{\omega}{s^2+\omega^2}$
$\cos \omega t$	$\dfrac{s}{s^2+\omega^2}$
$e^{-at}\sin(\omega t+\phi)$	$\dfrac{\omega\cos\phi + (s+a)\sin\phi}{(s+a)^2+\omega^2}$
$e^{-at}\cos(\omega t+\phi)$	$\dfrac{(s+a)\cos\phi - \omega\sin\phi}{(s+a)^2+\omega^2}$

表 4.2 演算のラプラス変換

$x(t)$ ($t<0$ で $x(t)=0$)	$X(s) = \mathcal{L}[x(t)]$
$x_1(t)+x_2(t)$	$X_1(s)+X_2(s)$
$\alpha x(t)$	$\alpha X(s)$
$x(t-\tau), \tau>0$	$e^{-\tau s}X(s)$
$e^{-\alpha t}x(t)$	$X(s+\alpha)$
$\dfrac{dx(t)}{dt}$	$sX(s)-x(0)$
$\dfrac{d^2x(t)}{dt^2}$	$s^2X(s)-sx(0)-x'(0)$
$\displaystyle\int_0^t x(\tau)d\tau$	$\dfrac{1}{s}X(s)$

(2) 展開定理とラプラス逆変換

ラプラス変換により複素数 s の関数として取り扱ってきた結果を，もとの時間 t の関数に戻す操作を**ラプラス逆変換**という．その定義は

$$f(t) = \frac{1}{2\pi j}\int_{c-j\infty}^{c+j\infty} F(s)e^{st}ds \quad (c \geq \sigma) \tag{4.9}$$

であり

$$f(t) = \mathcal{L}^{-1}[F(s)] \tag{4.10}$$

と書く．

しかし，定義により直接求めることは繁雑であり，ラプラス変換表を用いて時間関数に戻すことが簡便である．そのためには，s の一般式をラプラス変換表に記載されている典型的な関数による式に変形する必要がある．式 (4.5) に対応して

$$\mathcal{L}^{-1}[F_1(s) \pm F_2(s)] = \mathcal{L}^{-1}[F_1(s)] \pm \mathcal{L}^{-1}[F_2(s)] \tag{4.11}$$

式 (4.6) に対応して

$$\mathcal{L}^{-1}[kF(s)] = k\mathcal{L}^{-1}[F(s)] \tag{4.12}$$

という関係があるので，表にある既知の関数の定数倍や和・差として展開すればよい．たとえば

$$F(s) = \frac{1}{Ts^2 + s} \tag{4.13}$$

は，次のように分母の式を因数分解した後に部分分数に展開できる．

$$\begin{aligned} F(s) &= \frac{1}{Ts^2+s} = \frac{1/T}{s^2+s/T} \\ &= \frac{1/T}{s\,(s+1/T)} \\ &= \frac{1}{s} - \frac{1}{s+1/T} \\ \therefore \quad f(t) &= \mathcal{L}^{-1}\left[\frac{1}{s}\right] - \mathcal{L}^{-1}\left[\frac{1}{s+1/T}\right] \end{aligned} \tag{4.14}$$

ラプラス変換表より

$$\mathcal{L}^{-1}\left[\frac{1}{s}\right] = u(t)$$

$$\mathcal{L}^{-1}\left[\frac{1}{s+1/T}\right] = e^{-t/T}$$

$$\therefore \quad f(t) = u(t) - e^{-t/T} \tag{4.15}$$

を得る.

制御工学の範囲においては，ラプラス変換された関数は一般的に

$$F(s) = \frac{b_m s^m + b_{m-1} s^{m-1} + \cdots + b_1 s + b_0}{s^n + a_{n-1} s^{n-1} + \cdots + a_1 s + a_0} \tag{4.16}$$

という有理関数で表せる（ただし，$m < n$）．この式の分母を因数分解すると

$$F(s) = \frac{b_m s^m + b_{m-1} s^{m-1} + \cdots + b_1 s + b_0}{(s+p_1)(s+p_2)\cdots(s+p_n)} \tag{4.17}$$

を得る．これは，次に示す手順により部分分数に展開できることが知られており，**展開定理**とよぶ．

(a) 分母の根 $-p_1, \cdots, -p_n$ がすべて異なる場合：式 (4.17) は

$$F(s) = \frac{A_1}{s+p_1} + \frac{A_2}{s+p_2} + \cdots + \frac{A_n}{s+p_n} \tag{4.18}$$

に展開できる．ここで $A_1, \cdots, A_n$ の各係数は

$$A_i = (s+p_i)F(s)|_{s=-p_i} \tag{4.19}$$

で求まる．これより $F(s)$ のラプラス逆変換

$$\begin{aligned}f(t) = \mathcal{L}^{-1}[F(s)] &= \mathcal{L}^{-1}\left[\frac{A_1}{s+p_1}\right] + \cdots + \mathcal{L}^{-1}\left[\frac{A_n}{s+p_n}\right] \\ &= A_1 e^{-p_1 t} + \cdots + A_n e^{-p_n t}\end{aligned} \tag{4.20}$$

が求まる．ただし，$F(s)$ が実係数関数で複素根 $-a+j\omega$ をもつ場合，その共役複素数 $-a-j\omega$ も根であり対応する展開係数も共役となる．よって，共役展開項については

$$\frac{b-jc}{s+a-j\omega} + \frac{b+jc}{s+a+j\omega} \tag{4.21}$$

となり,その逆変換は次のようにまとめられる.

$$(b-jc)e^{-at+j\omega t} + (b+jc)e^{-at-j\omega t} = 2e^{-at}(b\cos\omega t + c\sin\omega t)$$
$$= 2\sqrt{b^2+c^2}\sin(\omega t + \phi)$$
$$\phi = \tan^{-1}\frac{b}{c} \tag{4.22}$$

(b) 分母の根 $-p_1, \cdots, -p_n$ に同じものがある場合:式 (4.17) において $-p_{n-k+1}, \cdots, -p_n$ の k 個が重根であったとすると

$$F(s) = \frac{b_m s^m + b_{m-1} s^{m-1} + \cdots + b_1 s + b_0}{(s+p_1)\cdots(s+p_{n-k})(s+p_{n-k+1})^k} \tag{4.23}$$

となり,これは

$$F(s) = \frac{A_1}{s+p_1} + \cdots + \frac{A_{n-k}}{s+p_{n-k}}$$
$$+ \frac{B_1}{(s+p_{n-k+1})^k} + \frac{B_2}{(s+p_{n-k+1})^{k-1}} + \cdots + \frac{B_k}{s+p_{n-k+1}} \tag{4.24}$$

と展開できる.ここで $A_1, \cdots, A_{n-k}$ は式 (4.19) から求められ,また B_i ($i=1 \sim k$) は

$$B_i = \frac{1}{(i-1)!} \cdot \frac{d^{i-1}}{ds^{i-1}}[(s+p_{n-k+1})^k F(s)]|_{s=-p_{n-k+1}} \tag{4.25}$$

で求められる.これより $F(s)$ のラプラス逆変換 $f(t)$ は

$$\begin{aligned}
f(t) &= \mathcal{L}^{-1}[F(s)] \\
&= \mathcal{L}^{-1}\left[\frac{A_1}{s+p_1}\right] + \cdots + \mathcal{L}^{-1}\left[\frac{A_{n-k}}{s+p_{n-k}}\right] \\
&\quad + \mathcal{L}^{-1}\left[\frac{B_1}{(s+p_{n-k+1})^k}\right] + \cdots + \mathcal{L}^{-1}\left[\frac{B_k}{s+p_{n-k+1}}\right] \\
&= A_1 e^{-p_1 t} + \cdots + A_{n-k} e^{-p_{n-k} t} \\
&\quad + \frac{B_1}{(k-1)!} t^{k-1} e^{-p_{n-k+1} t} + \frac{B_2}{(k-2)!} t^{k-2} e^{-p_{n-k+1} t} \\
&\quad + \cdots + B_k e^{-p_{n-k+1} t}
\end{aligned} \tag{4.26}$$

が求まる．すなわち重根をもつ項については，重複度以下のすべての次数の因子に展開して係数を求めるものである．よって，重根が他にもある場合は，それぞれについて展開すればよい．たとえば

$$\frac{s+3}{s^3+4s^2+5s+2} = \frac{s+3}{(s+1)^2(s+2)} = \frac{2}{(s+1)^2} + \frac{-1}{s+1} + \frac{1}{s+2}$$

となる．ラプラス変換表を用いて

$$\mathcal{L}^{-1}\left[\frac{2}{(s+1)^2}\right] = 2te^{-t}$$

$$\mathcal{L}^{-1}\left[\frac{-1}{s+1}\right] = -e^{-t}$$

$$\mathcal{L}^{-1}\left[\frac{1}{s+2}\right] = e^{-2t}$$

が得られるので

$$\therefore \quad \mathcal{L}^{-1}\left[\frac{s+3}{s^3+4s^2+5s+2}\right] = 2te^{-t} - e^{-t} + e^{-2t}$$

が求まる．

(3) 最終値の定理・初期値の定理

ここまでの展開定理とラプラス変換表により，ラプラス逆変換を求め時間関数を得ることができる．系の応答の特徴を把握する場合などにおいては，すべての時間における値ではなく，系が整定した状態における最終値や入力が印加された時点での初期値に着目することがある．その場合，ラプラス逆変換することなくその値が求められれば便利である．これらを求める定理がある．

(a) 最終値の定理：時間関数 $f(t)$ のラプラス変換を $F(s)$ とおくと，$t=\infty$ における最終値 $f(\infty)$ は次式で求められる．

$$\lim_{t\to\infty} f(t) = \lim_{s\to 0} sF(s)$$

ただし，これが成り立つのは $sF(s)$ の分母の根の実部が負の場合に限る．

(b) 初期値の定理　時間関数 $f(t)$ のラプラス変換を $F(s)$ とおくと，$t=0$ における初期値 $f(0_+)$ は次式で求められる．

$$\lim_{t\to 0_+} f(t) = \lim_{s\to\infty} sF(s)$$

4.4 ブロック線図とラプラス変換

ラプラス変換を用いると微分や積分が s を掛けたり割ったりすることに置きかわるため，ブロック線図における各要素の伝達特性とその入力/出力の関係は積の形で記述できる．すなわち，図 4.8 (a) は，ラプラス変換した同図 (b) においては

$$Y(s) = F(s)X(s)$$

という関係となる．

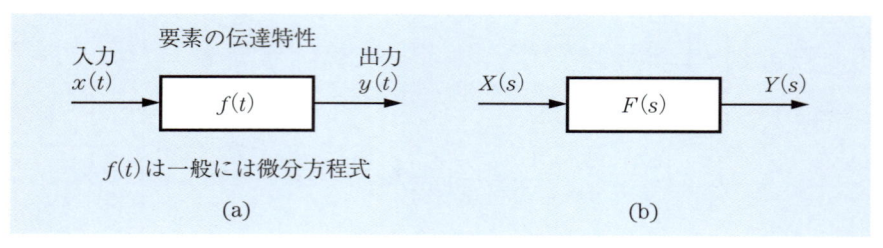

図 4.8　要素の伝達関数

(a) 入力 $x(t)$ → 要素の伝達特性 $f(t)$ → 出力 $y(t)$　　$f(t)$ は一般には微分方程式

(b) $X(s)$ → $F(s)$ → $Y(s)$

よって，ラプラス変換した状態でブロック線図を用いると，代数的に物理現象を扱うことができる．これからは特にことわらない限り，ブロック線図においてはラプラス変換されたものとする．

一般的にシステムの物理現象を扱う場合，微分方程式をたててこれを解くことが多い．しかし，系の要素が多くなり構成が複雑になると，微分方程式をたてることやそれを解くことは繁雑なものとなる．これに対しブロック線図とラプラス変換を用いると

(1) 各要素の伝達関数をラプラス変換表より求める．
(2) ブロック線図を描く．
(3) ブロック線図の等価変換により簡単化する．
(4) s による式の代数方程式を解く（四則演算のみでよい）．
(5) s による式の解に展開定理を適用する．
(6) ラプラス変換表により時間関数に戻す．

4.4 ブロック線図とラプラス変換

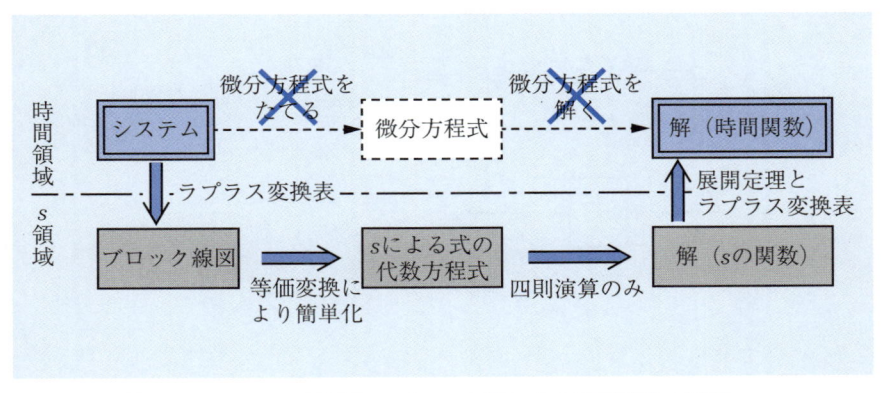

図 4.9 ブロック線図とラプラス変換による物理現象の取扱い

という簡単な操作により目的が達成できる．この関係を図 4.9 に示す．次の例で確認しよう．

例1 図 4.10 に示す回路において，入力 $v_i(t)$ を印加したときの出力 $v_0(t)$ を求める．

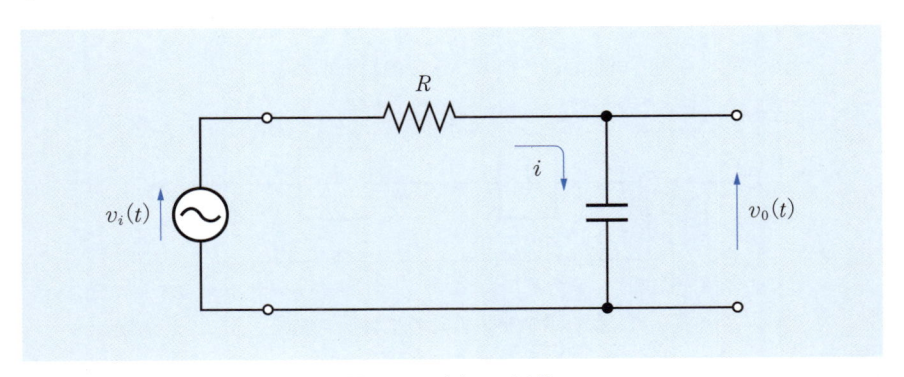

図 4.10 例 1 の回路

(1) まず，各要素である抵抗とコンデンサの伝達関数（ブロック）を求めると，図 4.11 となる．
(2) 次に，信号の伝達関数に従ってブロック線図を描き，図 4.12 を得る．

$$i(t) = \frac{1}{R}(v_i(t) - v_o(t))$$

↓ $\mathcal{L}$変換［ラプラス変換表］

$$I(s) = \frac{1}{R}(V_i(s) - V_o(s))$$

(a) 抵抗のブロック

$$v_o(t) = \frac{1}{C}\int_o^t i(t)\,dt$$

↓ $\mathcal{L}$変換［ラプラス変換表］

$$V_o(s) = \frac{1}{sC}I(s)$$

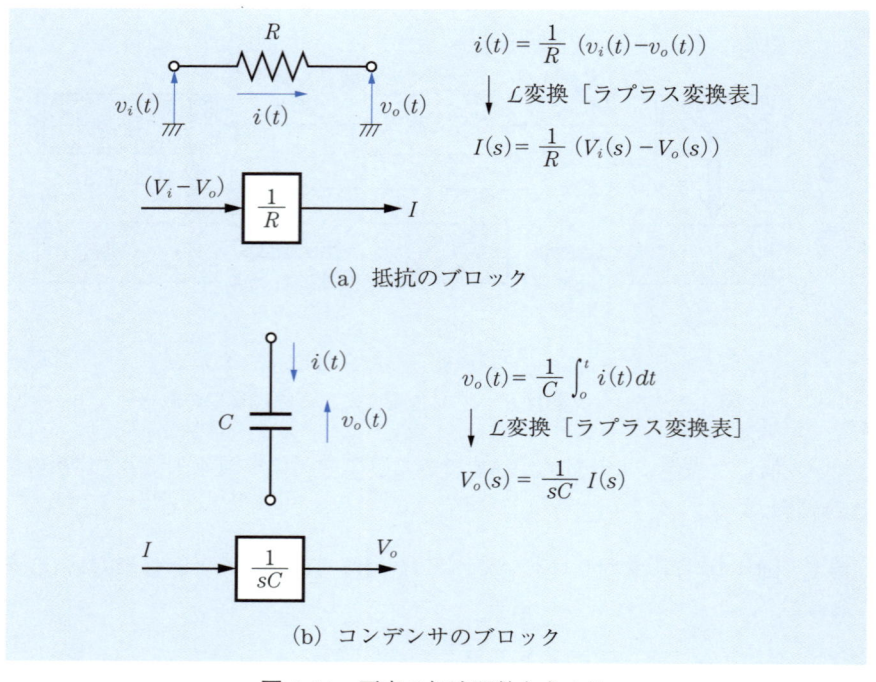

(b) コンデンサのブロック

図 4.11 要素の伝達関数を求める

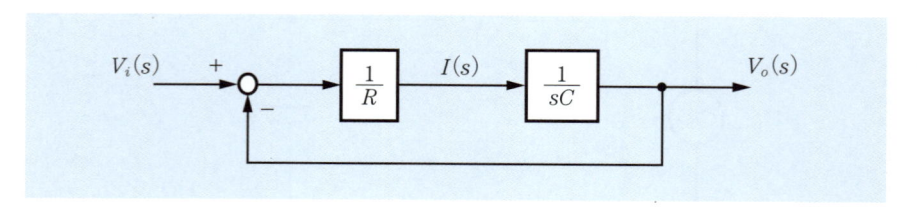

図 4.12 システムのブロック線図

(3) (2) で得られたブロック線図を等価変換により簡単化すると，**図 4.13** を得る．

(4) (3) より

$$V_o(s) = \frac{1/sCR}{1 + 1/sCR}V_i(s) = \frac{1}{1 + sCR}V_i(s)$$

を得る．

4.4 ブロック線図とラプラス変換

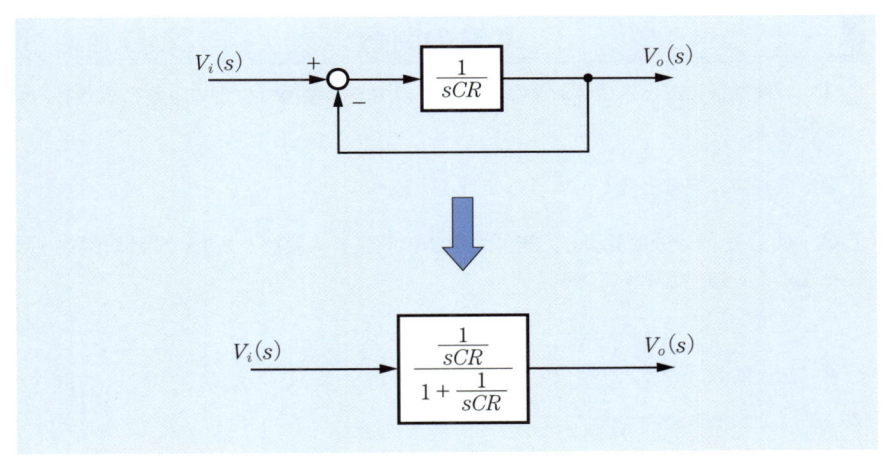

図 4.13 等価変換の結果

(5) いま,入力 $v_i(t)$ として単位ステップ $u(t)$ を与えたとすると

$$V_i(s) = \mathcal{L}[u(t)]$$
$$= \frac{1}{s}$$

よって

$$V_o(s) = \frac{1}{1+sCR} \cdot \frac{1}{s}$$

(6) 展開定理を用いて

$$V_o(s) = \frac{1}{1+sCR} \cdot \frac{1}{s}$$
$$= \frac{1}{s} - \frac{1}{s+1/CR}$$

(7) ラプラス変換表より,対応する時間関数を求めると

$$v_o(t) = u(t) - e^{-t/CR}$$

を得る.

4章の問題

☐ **1** 時間関数における微分および積分は，ラプラス変換ではどのように表されるかを答えよ．

☐ **2** 最終値の定理とはどのような定理かを述べよ．

☐ **3** $F(s)$ を部分分数展開し，**表 4.1, 4.2** のラプラス変換表を用いて時間関数 $f(t)$ を求めよ．過程も示すこと．
$$F(s) = \frac{6}{s^2 + 5s + 6}$$

☐ **4** 伝達関数
$$G(s) = \frac{2}{s^2 + 3s + 2}$$
において，以下の応答を部分分数展開と**表 4.1, 4.2** のラプラス変換表を用いて求めよ．過程も示すこと．
(1) 単位ステップ応答
(2) 単位ランプ応答

☐ **5** 問 4 において (1), (2) それぞれについて，初期値の定理と最終値の定理の適用について考察せよ．

第5章

制御系の基本要素の伝達関数

　制御系の各要素は，ブロック線図においては各ブロックで表されるものであり，その入力と出力との関係が伝達関数であることを3章で学んだ．また，要素には入力と出力との間で微分や積分の特性をもつものがあるが，ラプラス変換を用いると演算子sを「掛ける」，または「割る」という操作をすることと等価であることを4章で学んだ．

　そこで制御系において諸量をラプラス変換して取り扱うことにすれば，微分や積分などの関係が含まれていてもブロック線図の等価変換を利用できる．また，時間応答を求めるなどにおいても，部分分数展開とラプラス変換表を用いることができる．応答の最終値や初期値も，最終値の定理や初期値の定理を用いることができる．

　これからは，特にことわらない限りラプラス変換を用いることとする．本章では制御系における基本要素の伝達関数のラプラス変換を整理する．

第 5 章　制御系の基本要素の伝達関数

5.1　ブロックの伝達関数

制御系の要素を表すブロックの入力を $x(t)$，出力を $y(t)$ とすると，ブロックの入出力の関係の時間関数としての表現は

$$\frac{y(t)}{x(t)}$$

となる．これをラプラス変換すると

$$\frac{Y(s)}{X(s)}$$

となり，これがブロックの入出力の関係のラプラス変換としての表現となる．

$$G(s) = \frac{Y(s)}{X(s)}$$

とおいてブロック線図で表現すると図 5.1 となる．ここで，$G(s)$ が伝達関数である．

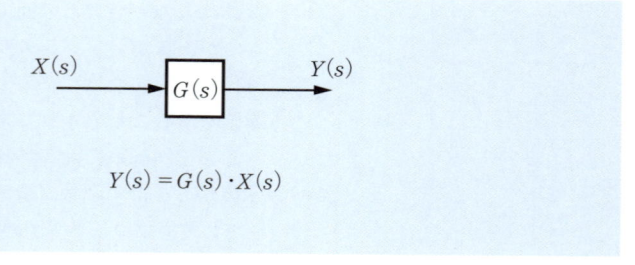

$$Y(s) = G(s) \cdot X(s)$$

図 5.1　基本要素の特性

5.2 比例要素

入力を定数倍して出力する要素を**比例要素**という．これをブロック線図で表現すると，図 5.2 となる．ここで，K は比例定数とする．

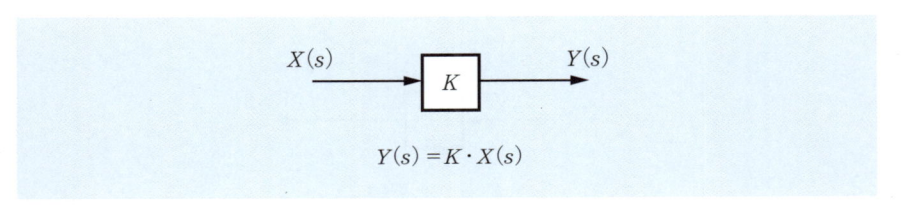

$$X(s) \longrightarrow \boxed{K} \longrightarrow Y(s)$$

$$Y(s) = K \cdot X(s)$$

図 5.2 比例要素

例として，抵抗に電流を流したときの，電圧の発生を表現したものが図 5.3 である．

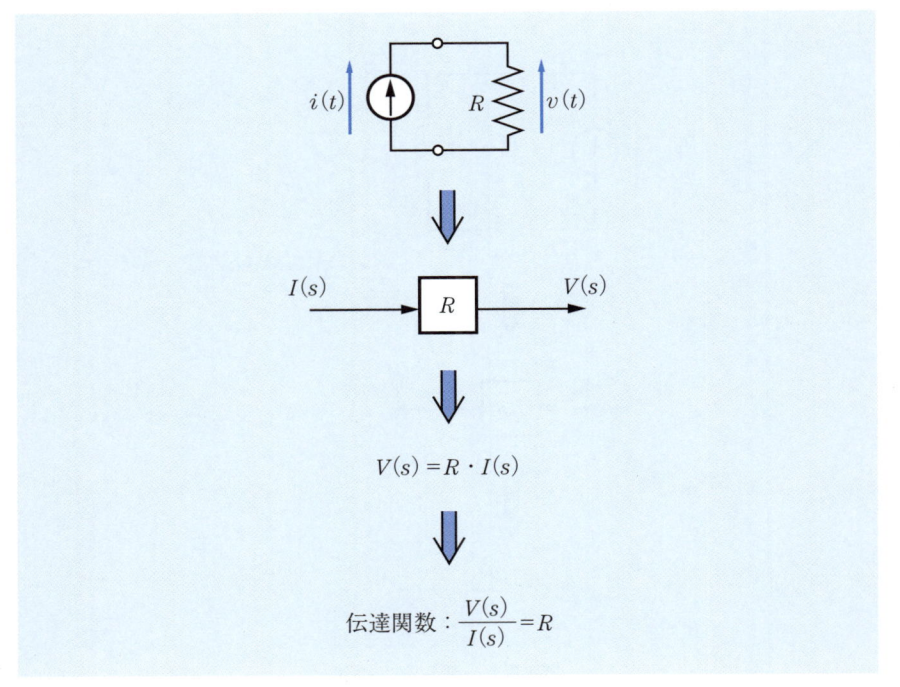

$$I(s) \longrightarrow \boxed{R} \longrightarrow V(s)$$

$$V(s) = R \cdot I(s)$$

$$伝達関数：\frac{V(s)}{I(s)} = R$$

図 5.3 比例要素の例

5.3 微分要素

入力の微分が出力される要素を**微分要素**という．微分は，ラプラス変換では s を掛けることに相当する．これをブロック線図で表現すると，図 5.4 となる．ここで，s はラプラス演算子である．

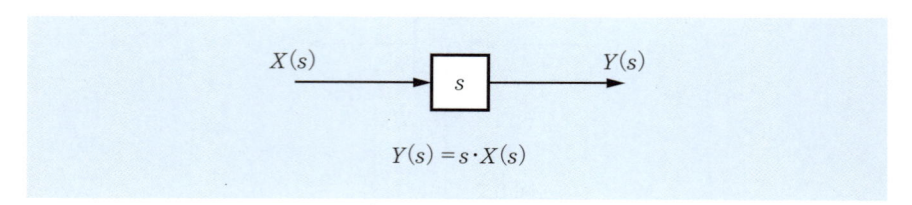

$X(s) \rightarrow \boxed{s} \rightarrow Y(s)$

$$Y(s) = s \cdot X(s)$$

図 5.4　微分要素

例として，コイル L に電流を流したときの，電圧の発生を表現したものが図 5.5 である．

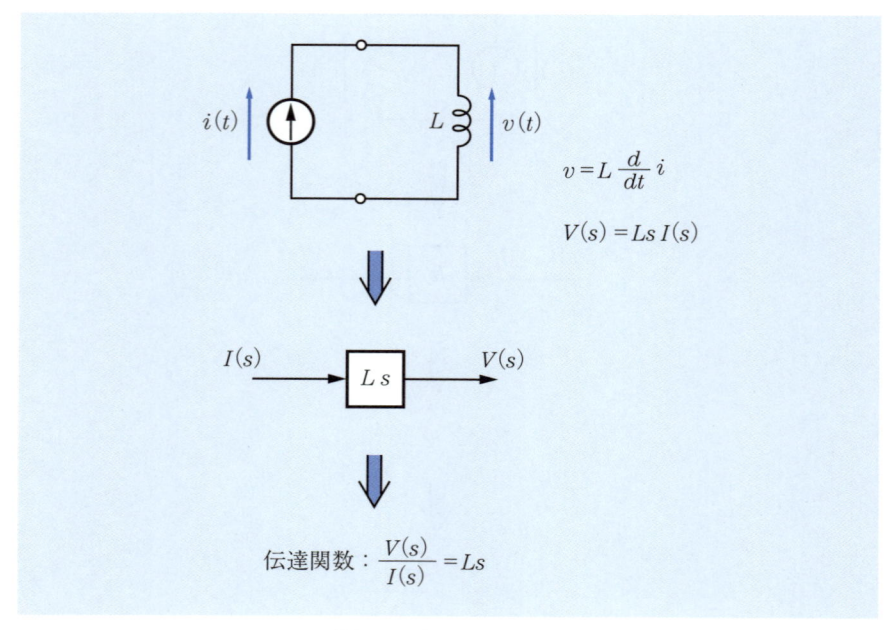

$$v = L \frac{d}{dt} i$$

$$V(s) = Ls\,I(s)$$

$I(s) \rightarrow \boxed{Ls} \rightarrow V(s)$

伝達関数：$\dfrac{V(s)}{I(s)} = Ls$

図 5.5　微分要素の例

5.4 積分要素

入力を積分して出力する要素を**積分要素**という．積分は，ラプラス変換では s で割ることに相当する．これをブロック線図で表現すると図 5.6 となる．ここで，s はラプラス演算子である．

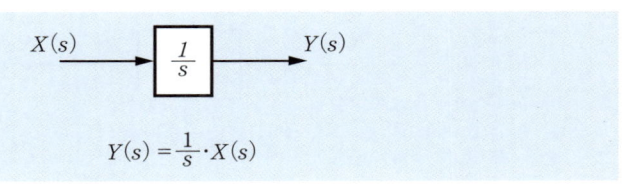

$X(s) \to \boxed{\dfrac{1}{s}} \to Y(s)$

$$Y(s) = \dfrac{1}{s} \cdot X(s)$$

図 5.6 積分要素

例として，コンデンサ C に電流を流したときの，電圧の発生を表現したものが図 5.7 である．

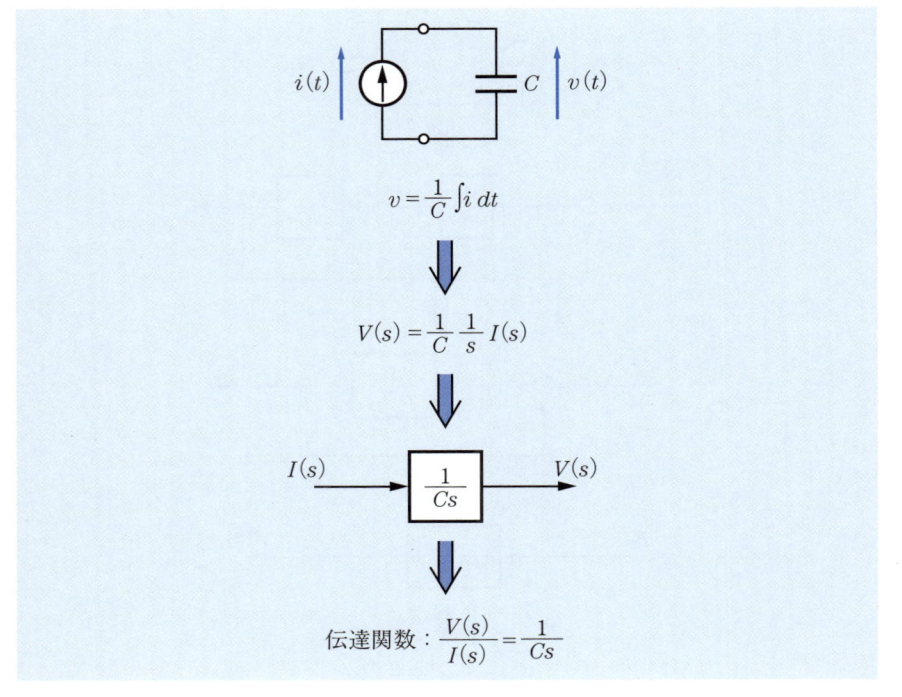

$$v = \dfrac{1}{C}\int i\,dt$$

⇓

$$V(s) = \dfrac{1}{C}\dfrac{1}{s}I(s)$$

⇓

$I(s) \to \boxed{\dfrac{1}{Cs}} \to V(s)$

⇓

伝達関数：$\dfrac{V(s)}{I(s)} = \dfrac{1}{Cs}$

図 5.7 積分要素の例

5.5 1次遅れ要素

比例要素と積分要素が組み合わさった要素などでは，伝達関数の分母が s の1次式で表されることになる．このような要素を **1次遅れ要素** という．これをブロック線図で表現すると図 5.8 となる．ここで，s はラプラス演算子である．

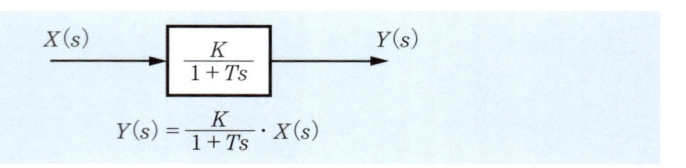

$$X(s) \rightarrow \boxed{\frac{K}{1+Ts}} \rightarrow Y(s)$$

$$Y(s) = \frac{K}{1+Ts} \cdot X(s)$$

図 5.8　1次遅れ要素

例として，抵抗とコンデンサの直列回路に電圧を印加したときに，コンデンサに電圧が発生することを表現したものを図 5.9 に示す．

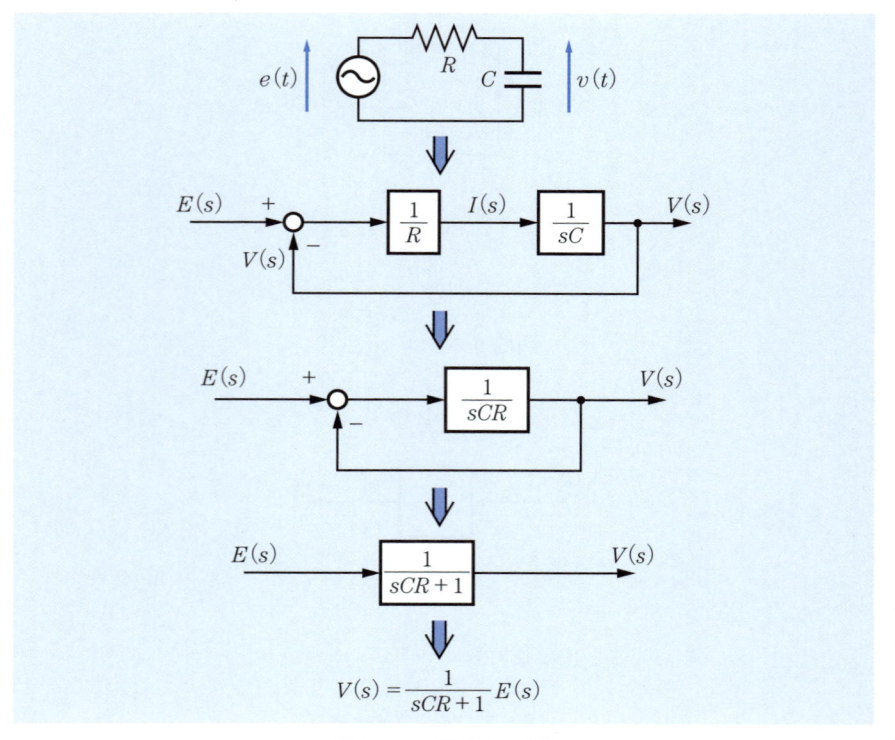

$$V(s) = \frac{1}{sCR+1} E(s)$$

図 5.9　1次遅れの例

5.6 2次遅れ要素

比例要素と積分要素と微分要素が組み合わさった要素などでは，伝達関数の分母が s の 2 次式で表されることになる．このような要素を **2 次遅れ要素** という．これをブロック線図で表現すると**図 5.10** となる．

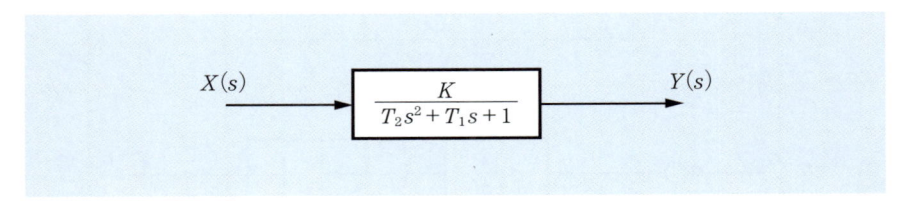

$$X(s) \rightarrow \boxed{\frac{K}{T_2 s^2 + T_1 s + 1}} \rightarrow Y(s)$$

図 5.10 2 次遅れ要素

例として，**図 5.11** のように抵抗とコイルとコンデンサの直列回路に電圧を印加したときにコンデンサに電圧が発生することを表現したものを**図 5.12** に示す．

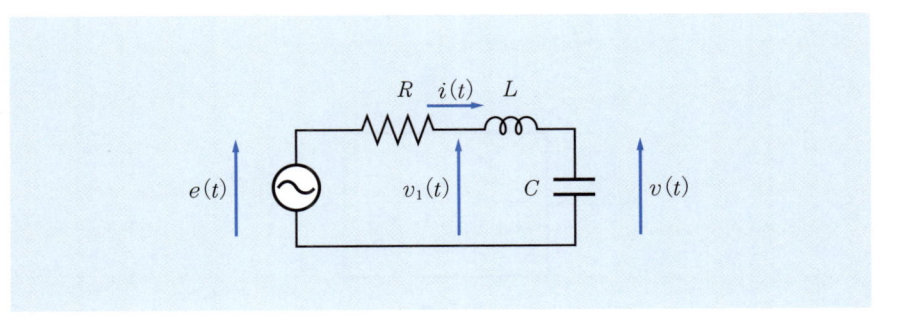

図 5.11

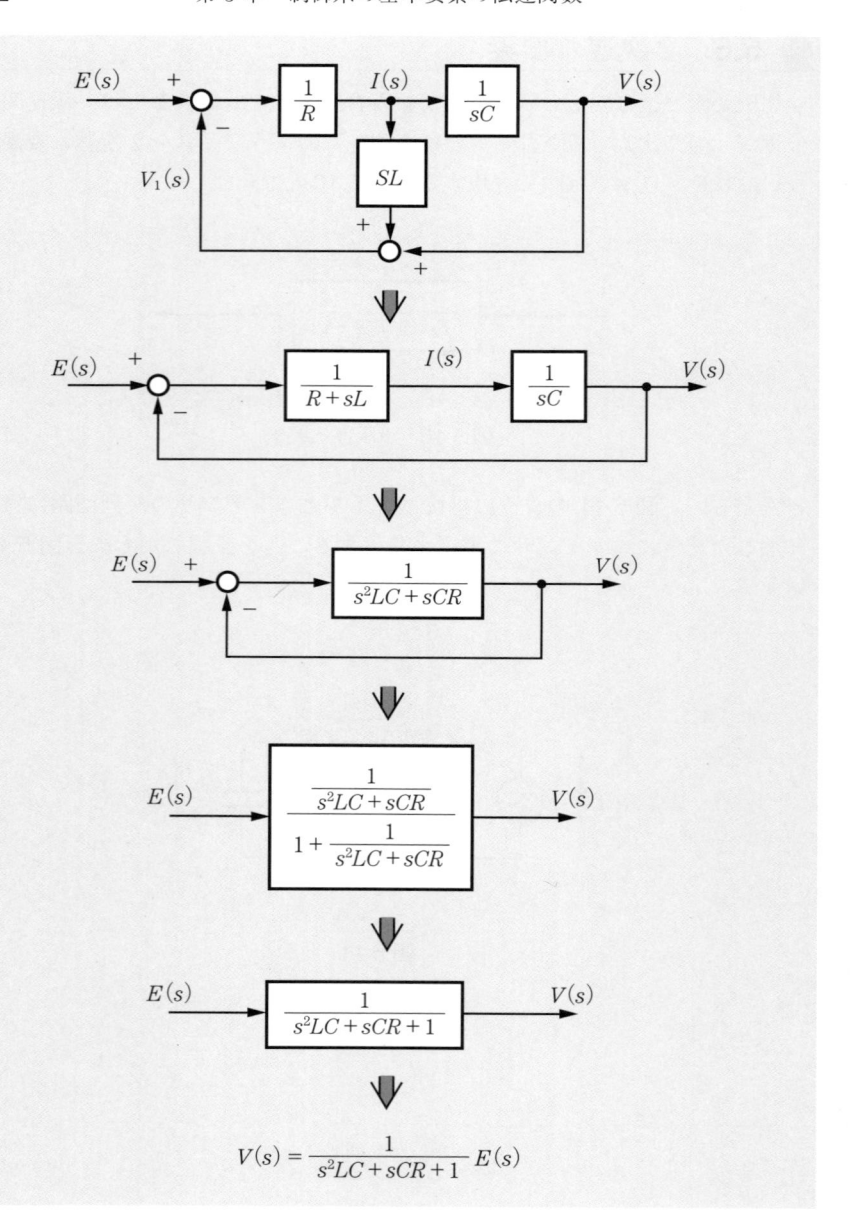

図 5.12 2 次遅れの例

5.7 むだ時間要素

入力された信号を，波形はそのままで時間 τ だけ遅れて出力する要素を**むだ時間要素**という．図 5.13 のような関係である．ラプラス変換すると

$$\mathcal{L}[f(t-\tau)] = e^{-\tau s}F(s)$$

であるので，入力と出力の関係をブロック線図で表現すると図 5.14 となる．ここで，s はラプラス演算子，e は指数関数である．τ を**むだ時間**とよぶ．

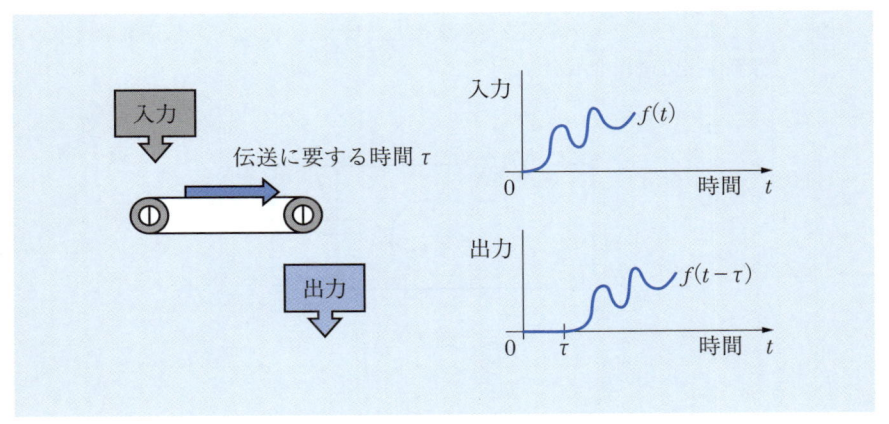

図 5.13 むだ時間要素の入出力関係

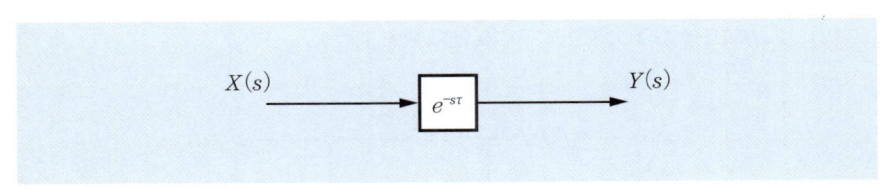

図 5.14 むだ時間要素のブロック線図

5章の問題

☐ **1** 比例要素，微分要素，積分要素の伝達関数を示せ．

☐ **2** むだ時間要素の性質を述べ，その伝達関数を示せ．

☐ **3** 図1のように抵抗 R とコンデンサ C を接続し，回路の入力を v_i，出力を v_o，電流を i する．以下の問に答えよ．
(1) R と C をそれぞれブロックとし，v_i, v_o, i の関係がわかるようにブロック線図を描け．
(2) (1)で求めたブロック線図を等価変換し，V_i から V_o までの伝達関数を求めよ（等価変換の過程も示すこと）．

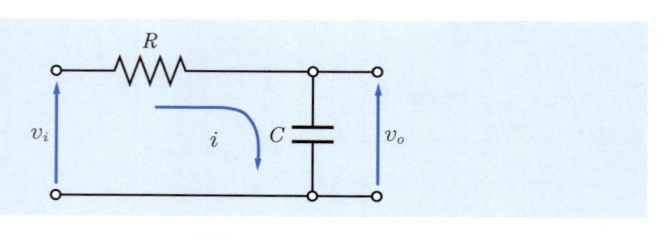

図 1

☐ **4** 図2の RLC 回路について，以下の問に答えよ．
(1) 抵抗 R，コイル L，コンデンサ C をそれぞれブロックとし，入力電圧から出力電圧に至るブロック線図を描け．
(2) 入力電圧から出力電圧までの伝達関数を求めよ．

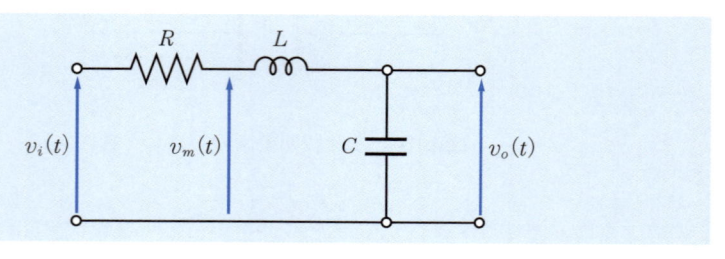

図 2

第6章

基本要素の伝達関数と特徴

　制御系における基本要素の伝達関数のラプラス変換を5章で整理した．各要素について，時間応答を求めることなしに，ラプラス変換で表現された伝達関数から直接に特徴を把握できれば便利である．本章では伝達関数と応答の特徴との関係を求める．

6.1 要素の特徴

制御系の要素の特徴は，入力を印加したときにその出力がどのようになるかで捉えられる．入力に対する出力の大きさ，入力に対する出力の遅れ，入力波形に対する出力波形の変化などがそれである．

要素に対応するブロックにおける入力と出力の関係は伝達関数で表されるので，その関数に要素の特徴が反映されているはずである．図 6.1 に示すように，要素に単位ステップ入力を印加したときの応答を求め，要素の特徴と伝達関数の関係を求めよう．

入力 $x(t) = u(t)$ → 要素 → 出力 $y(t)$

↓ ラプラス変換

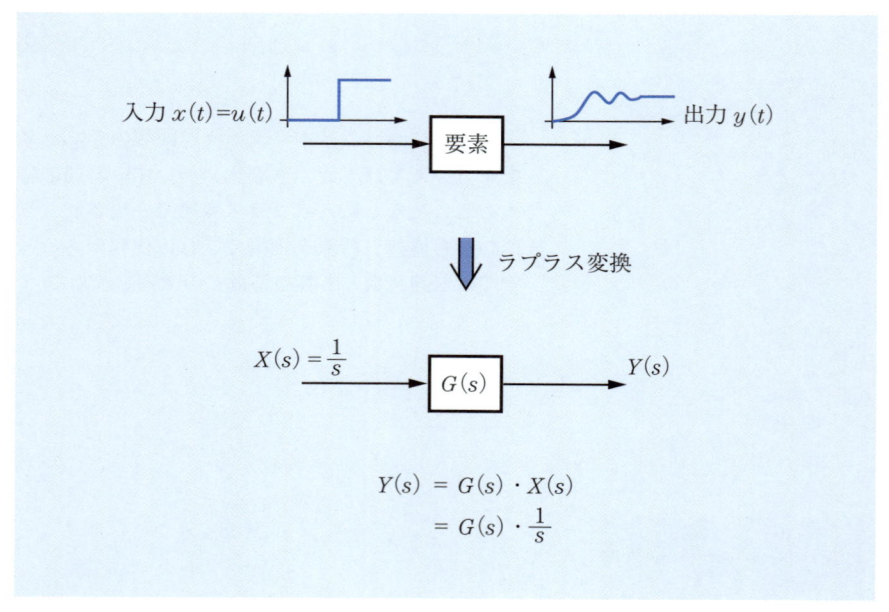

$X(s) = \dfrac{1}{s}$ → $G(s)$ → $Y(s)$

$$Y(s) = G(s) \cdot X(s) = G(s) \cdot \dfrac{1}{s}$$

図 6.1　要素における応答（単位ステップの入力の場合）

6.2 比例要素とゲイン

比例要素のブロック線図は図 6.2 で表される．ここで K を**ゲイン定数**とよぶ．

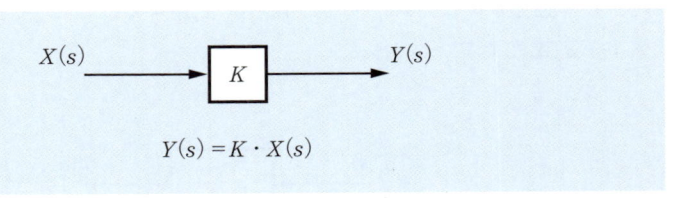

$$Y(s) = K \cdot X(s)$$

図 6.2　比例要素のブロック線図

比例要素の単位ステップ応答のラプラス変換は

$$Y(s) = K\frac{1}{s}$$

である．これより単位ステップ応答の時間関数は

$$y(t) = Ku(t)$$

となる．これを図示すると，図 6.3 となる．これより，出力は入力を伝達関数が表す比例定数倍したものであることがわかる．

比例要素の伝達関数を

$$G(s) = K$$

と表したとき，K が特徴を表すパラメータである．

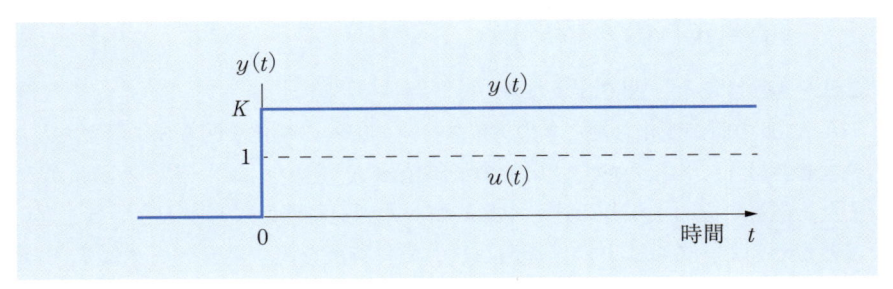

図 6.3　比例要素の単位ステップ応答

6.3　1次遅れ要素と時定数

1次遅れ要素は伝達関数の分母が s の1次式で表されるが，標準的な記述形式として図 6.4 のようにブロック線図で記述する．ここで，T を**時定数**，K を**ゲイン定数**とよぶ．

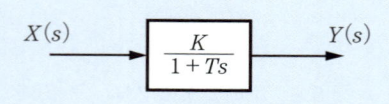

$$X(s) \longrightarrow \boxed{\frac{K}{1+Ts}} \longrightarrow Y(s)$$

図 6.4　1次遅れ要素のブロック線図

1次遅れ要素の単位ステップ応答のラプラス変換は

$$Y(s) = \frac{K}{1+Ts} \cdot \frac{1}{s}$$

である．これより部分分数展開を用いて時間応答を求める．

$$\begin{aligned}
Y(s) &= \frac{K}{1+Ts} \cdot \frac{1}{s} \\
&= K\left(\frac{1}{1+Ts} \cdot \frac{1}{s}\right) \\
&= K\left(\frac{1}{s} - \frac{1}{s+1/T}\right)
\end{aligned}$$

$$y(t) = K\left(u(t) - e^{-t/T}\right)$$

これを図示すると，図 6.5 となる．

K や T の値が変化したときの単位ステップ応答の変化を図 6.6 に示す．入力の大きさは 1 であったので，応答の最終値は K 倍になっていることがわかる．また，応答の立ち上がりの速さや最終値への到達時間は，T が大きいほど遅いことがわかる．これより，伝達関数において特徴を表すパラメータは T と K であり，1次遅れ要素は，伝達関数を標準形で表して時定数とゲイン定数を求めれば，その特徴がつかめる．

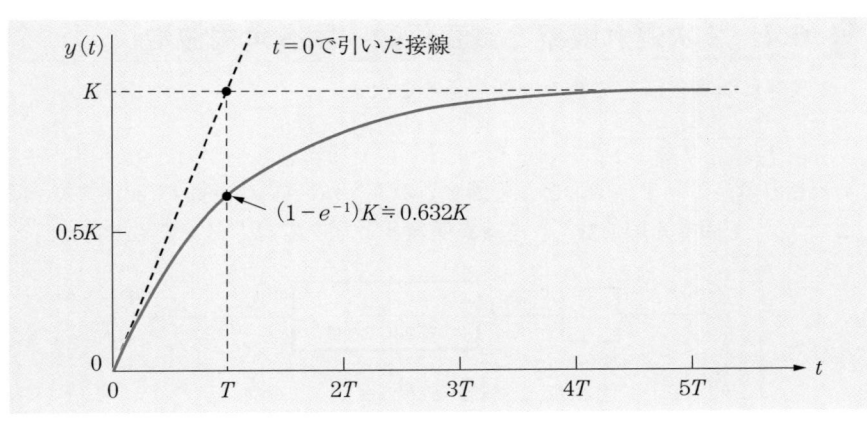

図 6.5 1次遅れ要素の単位ステップ応答

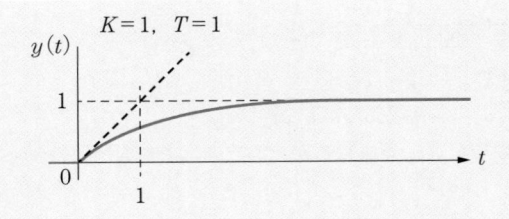

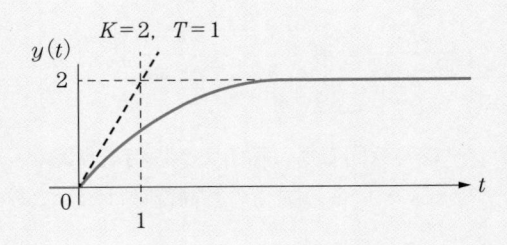

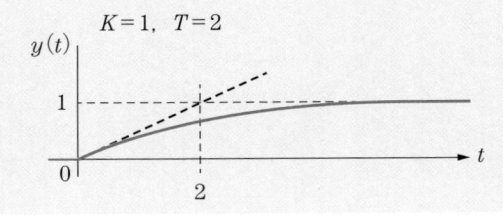

図 6.6 K, T の値による応答の変化

6.4 2次遅れ要素と減衰係数・固有角周波数

2次遅れ要素は伝達関数の分母が s の2次式

$$\frac{K}{T_2 s^2 + T_1 s + 1}$$

で表される．これを標準形として図 6.7 のようにブロック線図で記述する．ここで，ω_n を固有角周波数，ζ を**減衰係数**とよぶ．K はゲイン定数である．

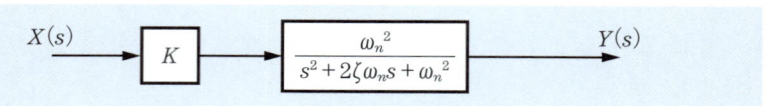

図 6.7　2次遅れ要素のブロック線図

2次遅れ要素の単位ステップ応答は，次式となる．

$$Y(s) = \frac{K\omega_n^2}{s^2 + 2\zeta\omega_n s + \omega_n^2} \cdot \frac{1}{s}$$
$$= K\frac{1}{s} \cdot \frac{\omega_n^2}{s^2 + 2\zeta\omega_n s + \omega_n^2}$$

【注意】 以下，時間関数 $y(t)$ を求めるが，導出過程よりも，結果の特徴を憶えることが重要である．

(1) $\zeta = 0$ のとき

$$Y(s) = K\frac{1}{s} \cdot \frac{\omega_n^2}{s^2 + \omega_n^2} = K\left(\frac{1}{s} - \frac{s}{s^2 + \omega_n^2}\right)$$
$$\therefore \quad y(t) = K(u(t) - \cos\omega_n t)$$

となる．単位ステップ応答は図 6.8 に示すように**持続振動**をしており，減衰しない．$\zeta = 0$ がそれを表している．振動の角周波数は ω_n である．

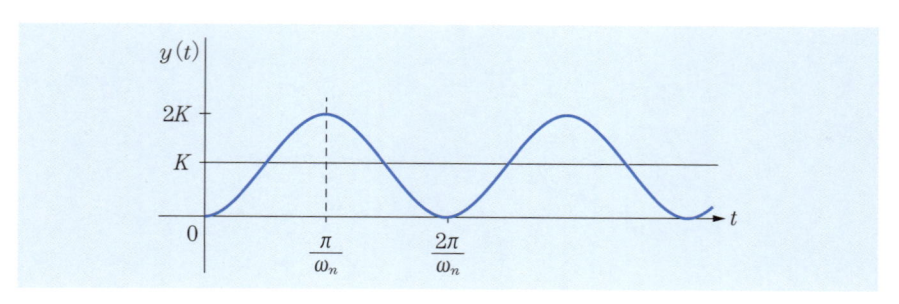

図 6.8　$\zeta = 0$ の場合の単位ステップ応答

(2) $0 < \zeta < 1$ のとき

$$Y(s) = K\frac{1}{s} \cdot \frac{\omega_n^2}{(s + \zeta\omega_n + j\omega_n\sqrt{1-\zeta^2})(s + \zeta\omega_n - j\omega_n\sqrt{1-\zeta^2})}$$

$$= K\left(\frac{1}{s} - \frac{1}{2} \cdot \frac{1 + j\zeta/\sqrt{1-\zeta^2}}{s + \zeta\omega_n + j\omega_n\sqrt{1-\zeta^2}} - \frac{1}{2} \cdot \frac{1 - j\zeta/\sqrt{1-\zeta^2}}{s + \zeta\omega_n - j\omega_n\sqrt{1-\zeta^2}}\right)$$

$$= K\left[\frac{1}{s} - \frac{1}{2}\left\{\frac{1 + j\zeta/\sqrt{1-\zeta^2}}{s + \omega_n(\zeta + j\sqrt{1-\zeta^2})} + \frac{1 - j\zeta/\sqrt{1-\zeta^2}}{s + \omega_n(\zeta - j\sqrt{1-\zeta^2})}\right\}\right]$$

$$\therefore \quad y(t) = K\left[1 - \frac{1}{2}\left\{\left(1 + j\frac{\zeta}{\sqrt{1-\zeta^2}}\right)e^{-\omega_n(\zeta + j\sqrt{1-\zeta^2})t}\right.\right.$$

$$\left.\left. + \left(1 - j\frac{\zeta}{\sqrt{1-\zeta^2}}\right)e^{-\omega_n(\zeta - j\sqrt{1-\zeta^2})t}\right\}\right]$$

$$= K\left[1 - \frac{1}{2}\left\{e^{-\omega_n(\zeta + j\sqrt{1-\zeta^2})t} + e^{-\omega_n(\zeta - j\sqrt{1-\zeta^2})t}\right.\right.$$

$$\left.\left. + j\frac{\zeta}{\sqrt{1-\zeta^2}}\left(e^{-\omega_n(\zeta + j\sqrt{1-\zeta^2})t} - e^{-\omega_n(\zeta - j\sqrt{1-\zeta^2})t}\right)\right\}\right]$$

ここで

$$\begin{cases} e^{j\theta} = \cos\theta + j\sin\theta \\ e^{-j\theta} = \cos\theta - j\sin\theta \end{cases}$$

$$\begin{cases} e^{j\theta} + e^{-j\theta} = 2\cos\theta \\ e^{j\theta} - e^{-j\theta} = 2j\sin\theta \end{cases}$$

という関係を用いると

$$y(t) = K\left[1 - \frac{1}{2}e^{-\omega_n\zeta t}\left\{e^{-j\omega_n\sqrt{1-\zeta^2}\,t} + e^{j\omega_n\sqrt{1-\zeta^2}\,t}\right.\right.$$

$$\left.\left. + j\frac{\zeta}{\sqrt{1-\zeta^2}}\left(e^{-j\omega_n\sqrt{1-\zeta^2}\,t} - e^{j\omega_n\sqrt{1-\zeta^2}\,t}\right)\right\}\right]$$

$$= K\left[1 - e^{-\omega_n\zeta t}\left\{\cos\left(\omega_n\sqrt{1-\zeta^2}\,t\right) + \frac{\zeta}{1-\zeta^2}\sin\left(\omega_n\sqrt{1-\zeta^2}\,t\right)\right\}\right]$$

また

$$\begin{cases} A\sin\theta + B\cos\theta = \sqrt{A^2+B^2}\cos(\theta-\phi) \\ \phi = \tan^{-1}\dfrac{A}{B} \end{cases}$$

という関係を用いて

$$y(t) = K\left\{1 - e^{-\zeta\omega_n t}\sqrt{\dfrac{\zeta^2}{1-\zeta^2}+1}\cos\left(\sqrt{1-\zeta^2}\,\omega_n t - \phi\right)\right\}$$

$$\phi = \tan^{-1}\dfrac{\zeta}{\sqrt{1-\zeta^2}}$$

を得る．

$$\therefore\quad y(t) = K\left\{1 - e^{-\zeta\omega_n t}\dfrac{1}{\sqrt{1-\zeta^2}}\cos\left(\sqrt{1-\zeta^2}\,\omega_n t - \tan^{-1}\dfrac{\zeta}{\sqrt{1-\zeta^2}}\right)\right\}$$

となる．単位ステップ応答は図 6.9 に示すような**減衰振動**である．詳細を図示すると図 6.10 となる．

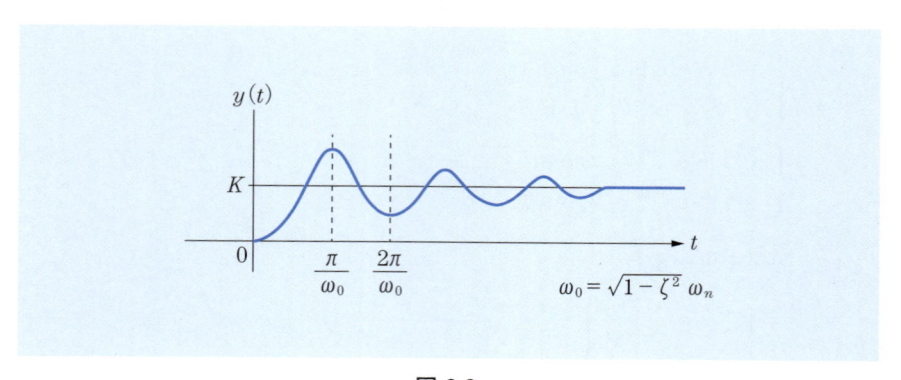

図 6.9

最終値は K に収束する．最初のピークにおいて最終値を超える量を**行き過ぎ量**という．ζ の値により，行き過ぎ量の大きさや**収束の速さ**が異なる．K を 1 としたときの変化を図 6.11 に示す．

6.4 2次遅れ要素と減衰係数・固有角周波数

ただし $\gamma_0 = \dfrac{\zeta}{\sqrt{1-\zeta^2}}$, $\omega_0 = \sqrt{1-\zeta^2}\,\omega_n$ とおく

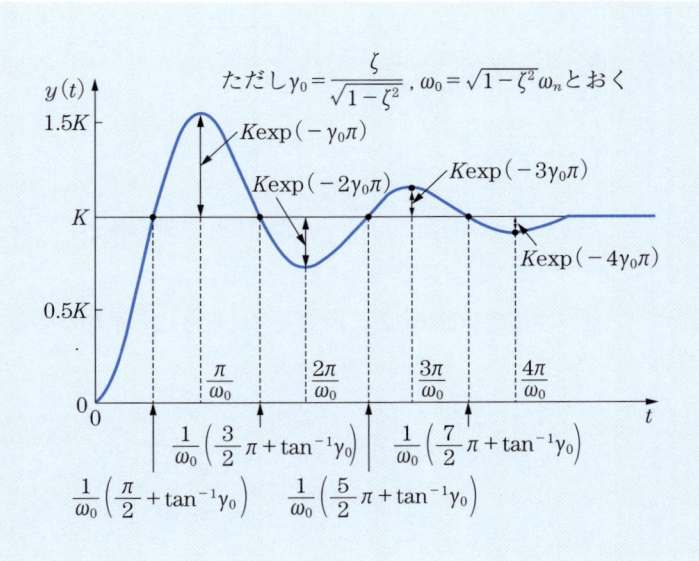

図 6.10 $\zeta < 1$ のときのステップ応答

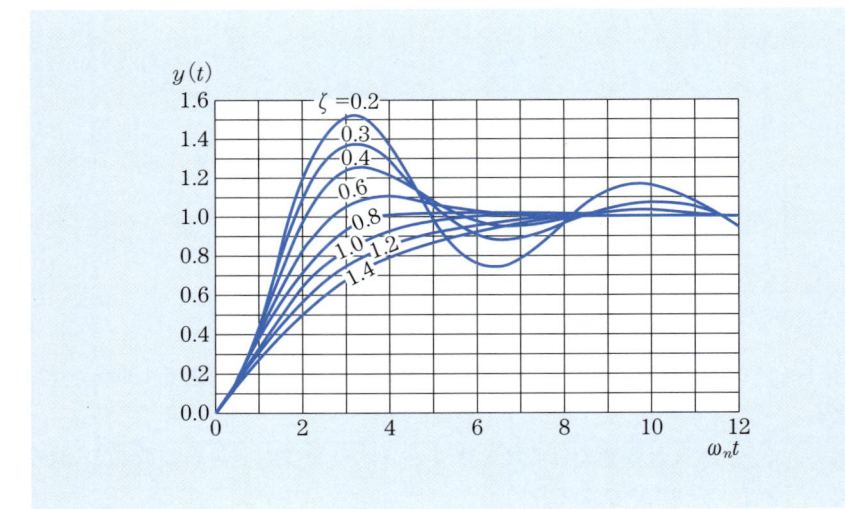

図 6.11 ζ の大きさによる 2 次遅れ系のステップ応答の変化（$0 < \zeta < 1$）

(3) $\zeta = 1$ のとき

$$Y(s) = K\frac{1}{s} \cdot \frac{\omega_n^2}{s^2 + 2\omega_n s + \omega_n^2}$$
$$= K\frac{\omega_n^2}{s(s+\omega_n)^2}$$
$$= K\left\{\frac{1}{s} - \frac{1}{s+\omega_n} - \frac{\omega_n}{(s+\omega_n)^2}\right\}$$
$$y(t) = K(u(t) - e^{-\omega_n t} - \omega_n t e^{-\omega_n t})$$

となる．単位ステップ応答は図 6.12 に示すように行き過ぎ量がなくなり，**臨界制動**とよばれる．

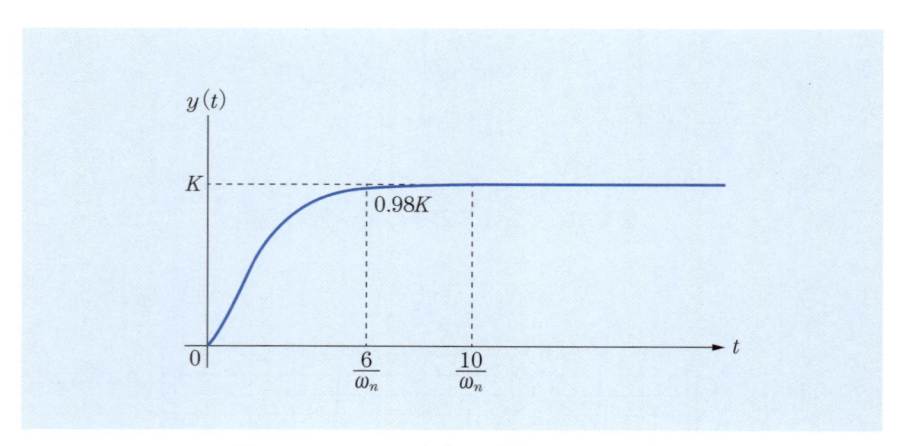

図 6.12 $\zeta = 1$ のときの単位ステップ応答

(4) $1 < \zeta$ のとき

$\zeta = 1$ よりもさらに応答が遅れたものとなる．

(1)～(4) をまとめると，ζ の値により単位ステップ応答は図 6.13 のように変化する．

以上より，2 次遅れ要素では特徴を表すパラメータは固有角周波数 ω_n，減衰係数 ζ，ゲイン定数 K である．

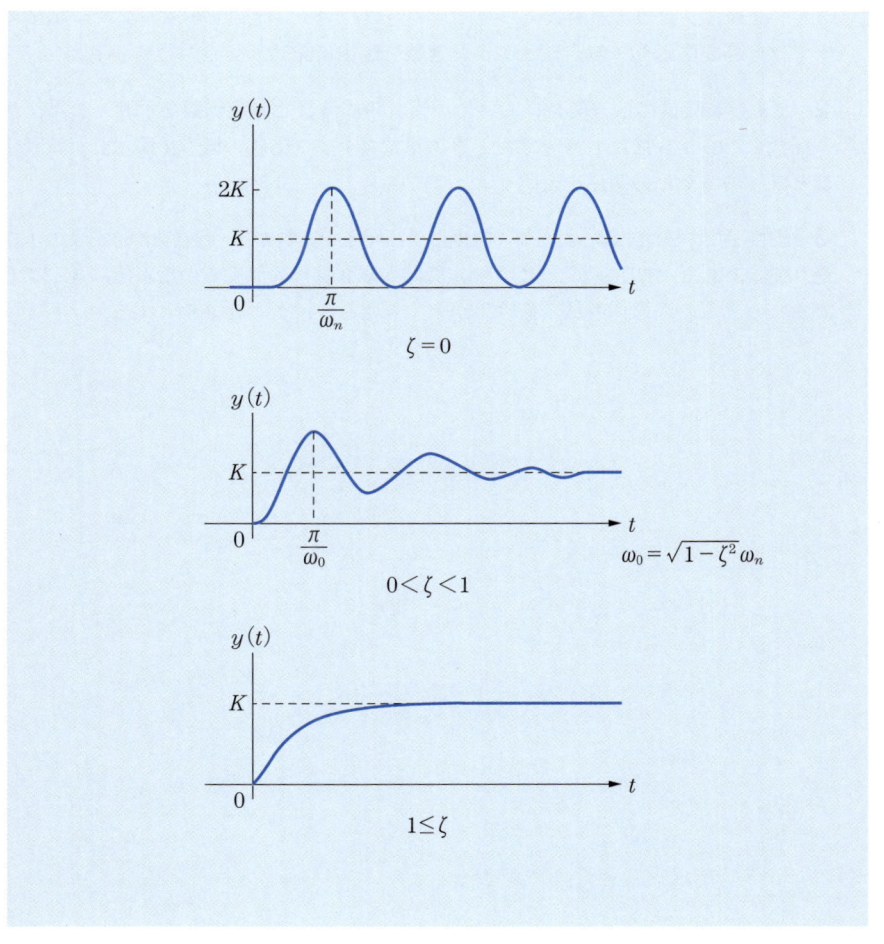

6.4 2次遅れ要素と減衰係数・固有角周波数

図 6.13 ζ の値による単位ステップ応答の変化

6章の問題

□**1** 1次遅れ要素の伝達関数において，時定数とゲイン定数を示せ．また，単位ステップ応答を図示し，時定数とゲイン定数を図中に記せ．

□**2** 2次遅れ要素の伝達関数において，固有角周波数と減衰係数を示せ．また，減衰係数を，0, 0.3, 0.7, 1, 3 としたときの単位ステップ応答の概形を図示し，減衰係数と応答の特徴との関係を説明せよ．

□**3** 温度計で，体温を測った．この温度計は，「ゲイン定数が 1，時定数が 3 分」の 1 次遅れ要素である．初期値が 25°C，測定開始から 3 分後の温度計の指示値は 31.32°C であった．この人の体温は，何 °C か？ ただし，$e^{-1} = 0.368$ とする．

第7章

制御系のモデリングと特性把握

　ここまでに学んだ内容を用いて，本章では制御系をモデリングしていく手順，また特性を把握していく手順をブロック線図でわかりやすく説明する．

7.1 貯水タンクの水位制御の例

図 7.1 は，タンクの水位 $h(t)$ をうきで検出し，流入水の弁の開度を調節することで，水位が $h_{\max}$ になるように制御する仕組みである．この系のブロック線図を描くことでモデリングしてみよう．

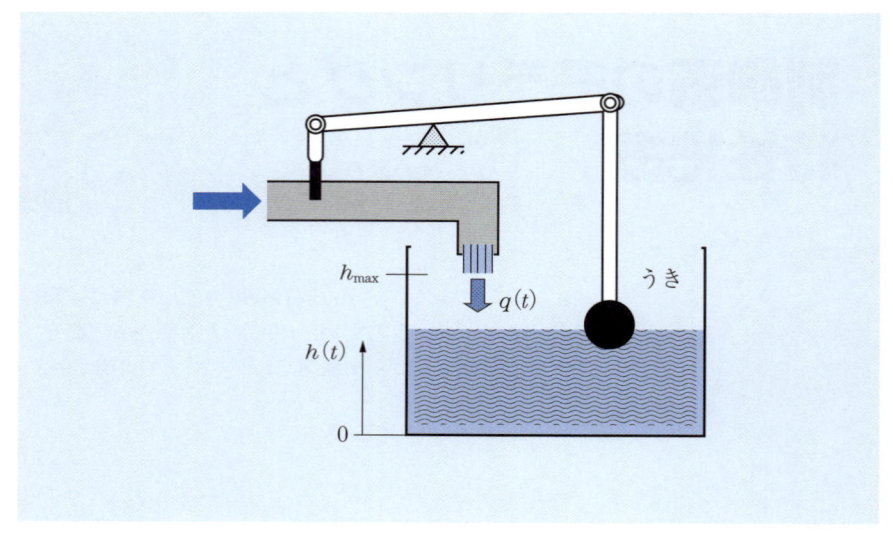

図 7.1 貯水タンクの水位制御

単位時間当たりの流入水量の体積 $q(t)$ は，目標水位 $h_{\max}$ と現在の水位の $h(t)$ の差に比例するものとし

$$q(t) = K(h_{\max} - h(t))$$

とする．ただし，K は定数であり

$$0 \leq h(t) \leq h_{\max}$$

である．また，タンクの底面積を A とし，時刻 $t = 0$ での初期水位を 0 とする．

例1 目標値を $h_{\max}$ とし，制御量を $h(t)$ として，システムのブロック線図を作成していこう．

7.1 貯水タンクの水位制御の例

(1) まず，$q(t) = K(h_{\max} - h(t))$ であるから，図 7.2 が得られる．

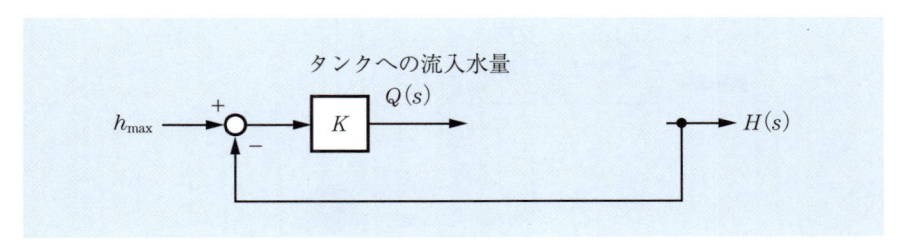

図 7.2

(2) 次に，タンク内の水の体積は，$q(t)$ の時間積分であるので，図 7.3 のように求められる．

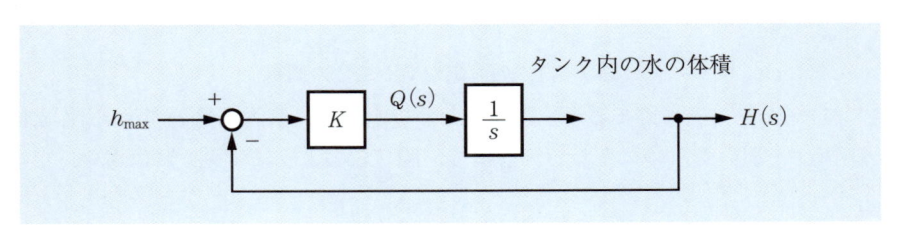

図 7.3

(3) タンク内の水の体積を底面積 A で割ればタンクの水位 $h(t)$ が求まる．よって図 7.4 となる．

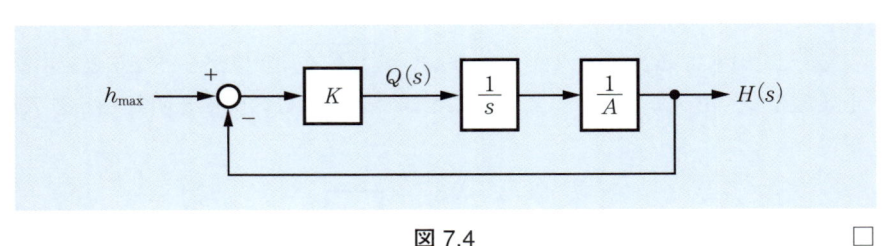

図 7.4

例 2 次に，この系のタンクの底部に蛇口を付け，タンクの水を流出できるようにしたとき（図 7.5），システムはどのように変わるであろうか．単位時間当たりの流出水量の体積を $d(t)$ とする．

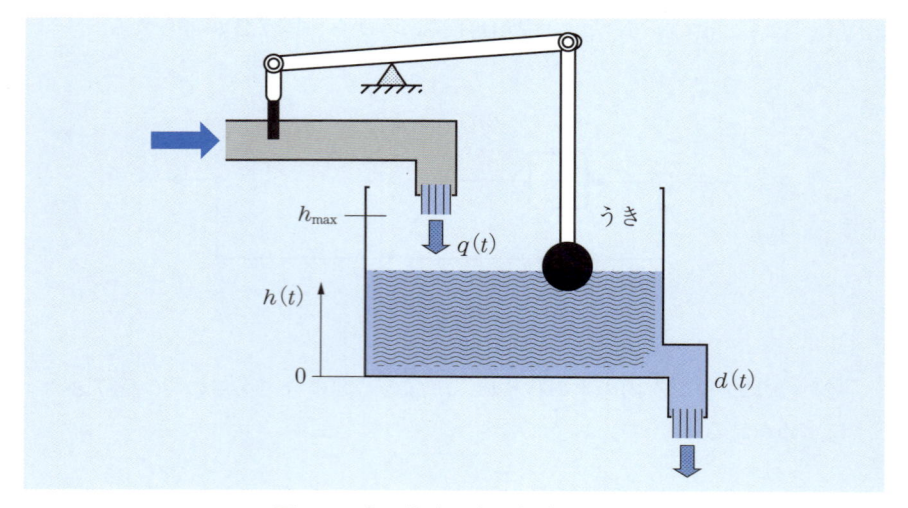

図 7.5 水の流出がある場合の制御

（1） タンク内に貯まる単位時間当たりの水量は，流入水量 $q(t)$ から流出水量 $d(t)$ を引いたものに変わる．よって，図 7.6 のように変更すればよい．

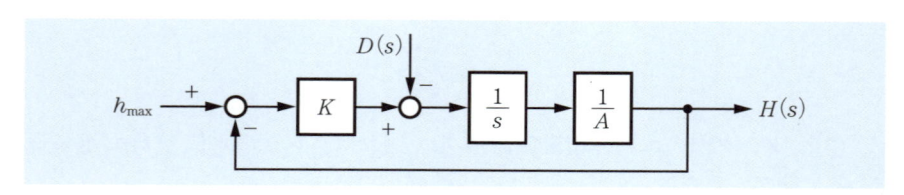

図 7.6

（2） 流出水量 $d(t)$ は，水位 $h(t)$ が高いほど多く，水位が 0 となると流出が止まるので，$d(t) = K_d h(t)$ と表すことができる．この関係を明記して図 7.7 が得られる．

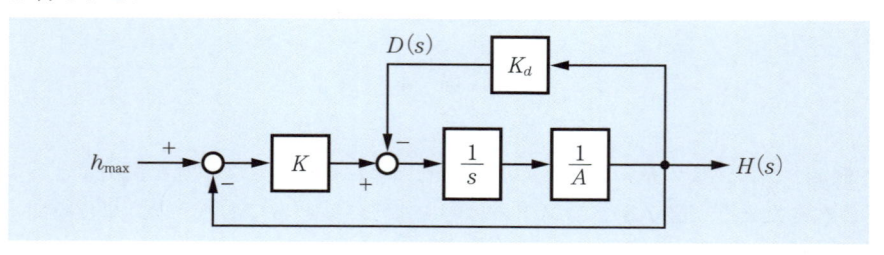

図 7.7

7.2 温度測定の例

電子温度計を用いて物体の温度を測ることを考える．温度計は「ゲイン定数が 1，時定数が 2 分」の 1 次遅れ要素であるとする．温度計の初期値が $10°C$，物体の温度が $30°C$ のとき，温度計の応答はどうなるであろうか．

(1) 初期値が $10°C$ であるので，時刻 0 で $10°C$ である．
(2) 物体の温度が $30°C$ であるので，初期値との差 $30 - 10 = 20°C$ の大きさのステップ入力が印加されたということになる．
(3) 「ゲイン定数が 1，時定数が 2 分」の 1 次遅れ要素であるので，最終値は

$$初期値 + ステップ入力の大きさ \times 1$$

であり

$$10 + 20 \times 1 = 30°C$$

(4) また，時定数である 2 分経過時点の温度は

$$初期値 + ステップ入力の大きさ \times 1 \times (1 - e^{-1})$$

であり

$$10 + 20 \times 1 \times (1 - e^{-1}) = 22.64°C$$

ただし，$1 - e^{-1} \fallingdotseq 0.632$

これらより，応答を図示すると図 7.8 となる．

電子温度計では温度計が定常状態になるまで待たずに，時定数が経過した時点で最終値の予測を表示する予測温モードがある．定常状態まで待たずに最終値を予測する原理は，どうなっているのであろうか．

温度計のゲインが 1 である場合，時定数の経過時点における初期値からの変化量は，入力されたステップの大きさの $(1 - e^{-1})$ 倍である．また，最終値は，入力されたステップの大きさに初期値を加えたものである．よって，時定数経過時点における初期値からの変化量を $(1 - e^{-1})$ で割り，初期値を加えると最終値となる．

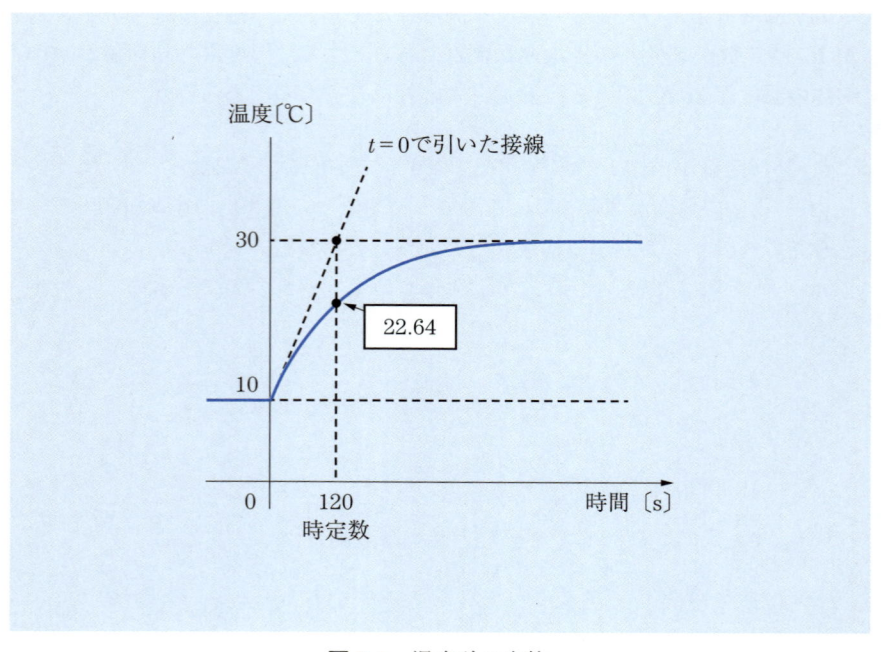

図 7.8　温度計の応答

7.3 電動舵取り装置の例

図 7.9 のような，ハンドルを操作すると，モータによりハンドルの操作量に応じて前輪の向きが変化する電動の舵取り装置を考えよう．この装置の要素間の接続は，図 7.10 のように整理できる．

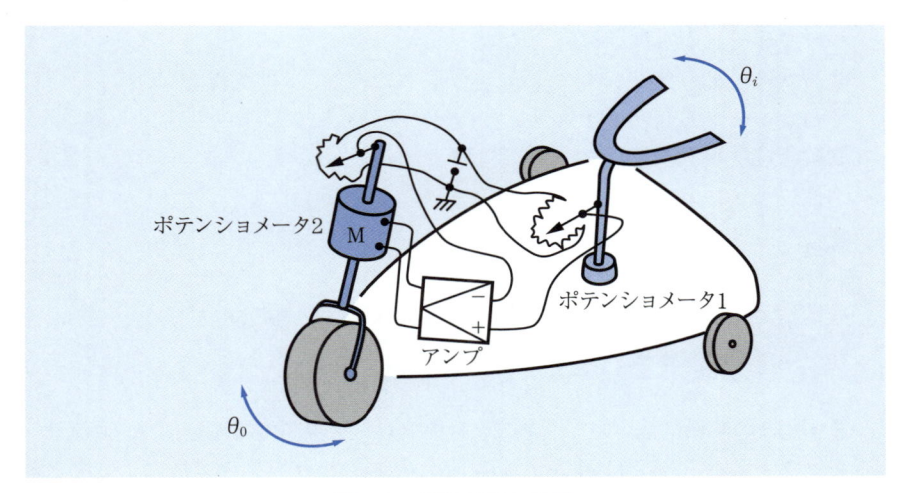

図 7.9　電動舵取り装置

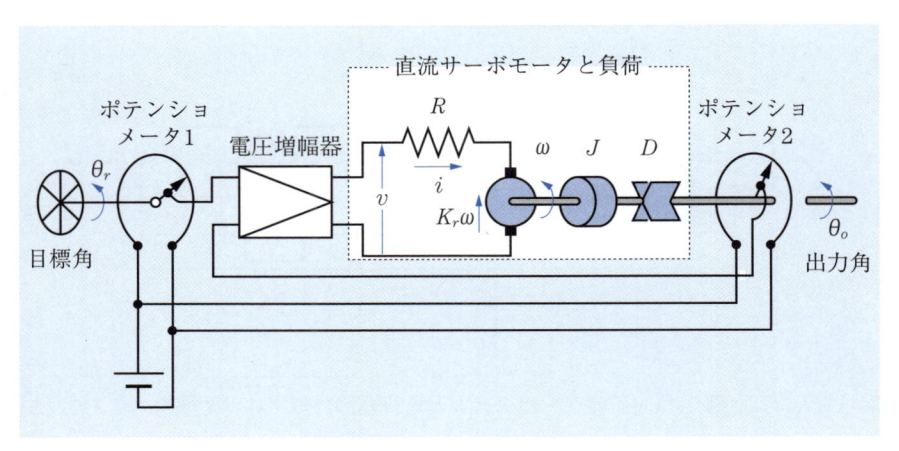

図 7.10　対象システムの構成図

各要素の伝達関係や値は，以下に示すとおりである．

角度 θ_r に対するポテンショメータ 1 の出力電圧：$K_p\theta_r$
角度 θ_o に対するポテンショメータ 2 の出力電圧：$K_p\theta_o$
電圧増幅器のゲイン：K_a
サーボモータの電機子抵抗：R
サーボモータの発生トルク：$T_m = K_t i$（ただし，i は電機子電流）
サーボモータの回転子と負荷をあわせた制動係数：D
制動抵抗トルク：$D\omega$
慣性モーメント：J
慣性モーメントの角加速度：$\dot{\omega} = \dfrac{T_J}{J}$
　　　　　　　　　　（ただし，T_J は慣性モーメントに印加されるトルク）
サーボモータの回転子と負荷が直結された回転軸の角速度：ω
サーボモータの電機子に発生する逆起電力：$K_r\omega$

まず，この関係に基づいて，システムをブロック線図で記述しよう．直流サーボモータと負荷の部分は図 7.11 のようになる．これを等価変換によりまとめると図 7.12 となる．さらに，これを用いてシステム全体を表すと図 7.13 となる．

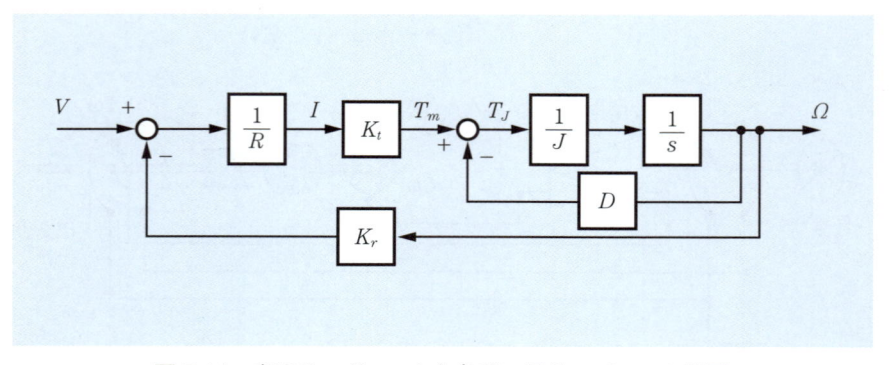

図 7.11　直流サーボモータと負荷の部分のブロック線図

7.3 電動舵取り装置の例

$$\dfrac{\dfrac{K_t}{R\ (Js+D)}}{1+\dfrac{K_t}{R\ (Js+D)}\cdot K_r}$$

⇩

$$\dfrac{K_t}{RJs+RD+K_tK_r}$$

⇩

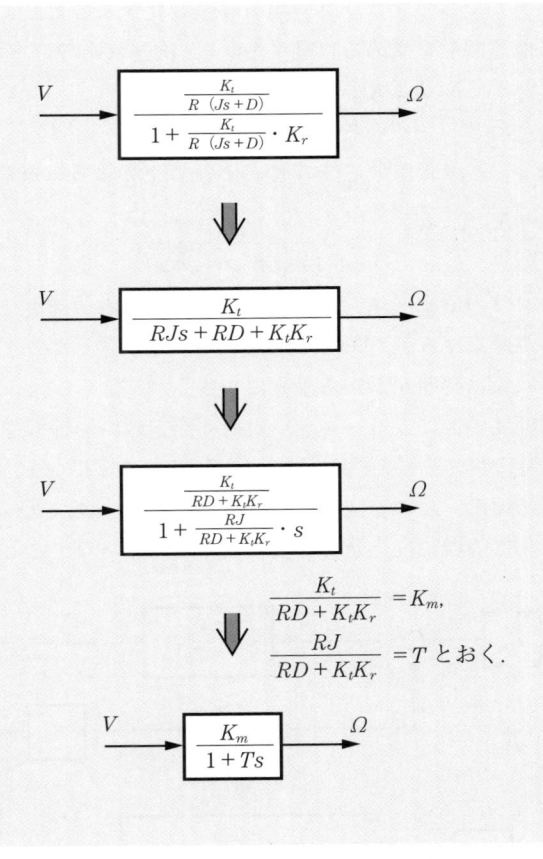

$$\dfrac{\dfrac{K_t}{RD+K_tK_r}}{1+\dfrac{RJ}{RD+K_tK_r}\cdot s}$$

⇩ $\dfrac{K_t}{RD+K_tK_r}=K_m,$ $\dfrac{RJ}{RD+K_tK_r}=T$ とおく.

$$\dfrac{K_m}{1+Ts}$$

図 7.12 ブロック線図の等価交換

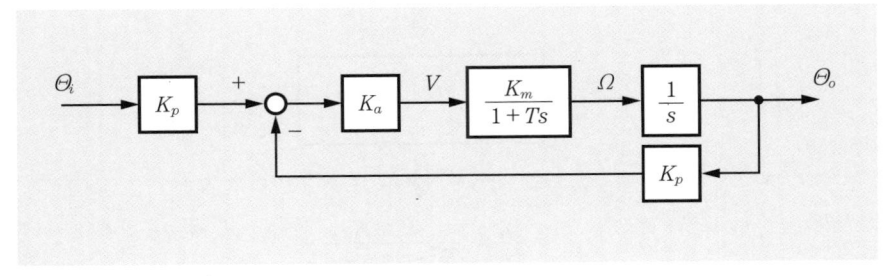

図 7.13 システム全体のブロック線図

次に，システム全体のブロック線図を等価変化することにより，目標値から制御量に至る伝達関数を求める（図 7.14）．2 次遅れ系の標準形で表すと

$$\frac{\Theta_o}{\Theta_i} = \frac{K_a K_m K_p / T}{s^2 + s/T + K_a K_m K_p / T}$$

固有角周波数 ω_n と減衰係数 ζ を求めると，以下のようになる．

$$\omega_n = \sqrt{\frac{K_a K_m K_p}{T}}, \quad \zeta = \frac{1}{2\sqrt{K_a K_m K_p T}}$$

これより，アンプの増幅度 K_a が大きくなると，固有角周波数 ω_n が大きくなり立ち上がりが速くなるが，同時に減衰係数 ζ が小さくなり 1 を下回ると振動が発生しその収束に時間がかかるようになる．

アンプの増幅度の他に，モーターや負荷の諸定数の影響も受ける．それに伴うステップ応答における振動性の変化は図 7.15 のようになる．これより，舵取り装置として迅速に，かつ安定的に動作させるためには，モーターや負荷の特性に応じてアンプの増幅度を適切に決めなくてはならないことがわかる．

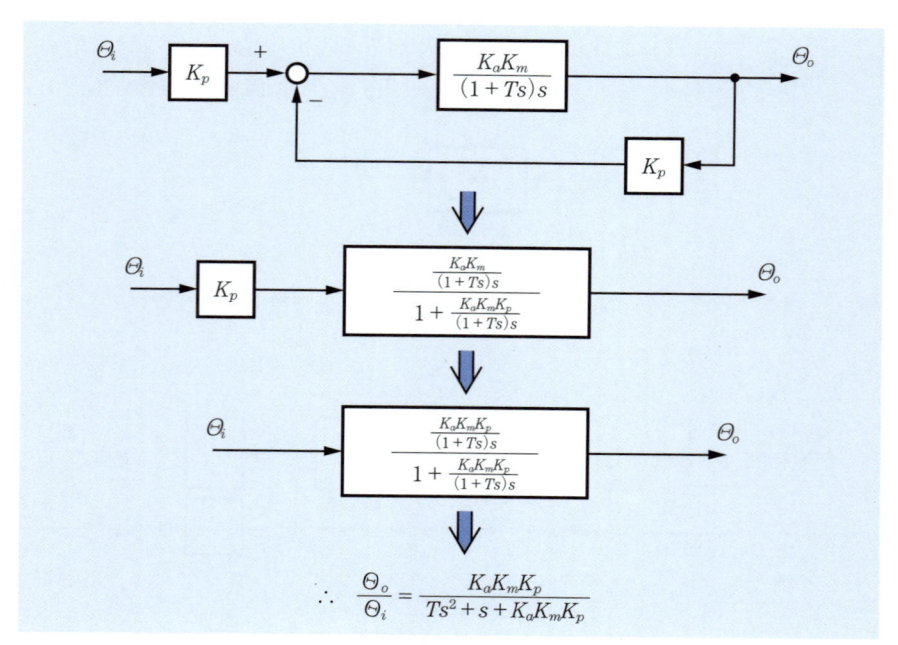

図 7.14 目標値から制御量に至る伝達関数

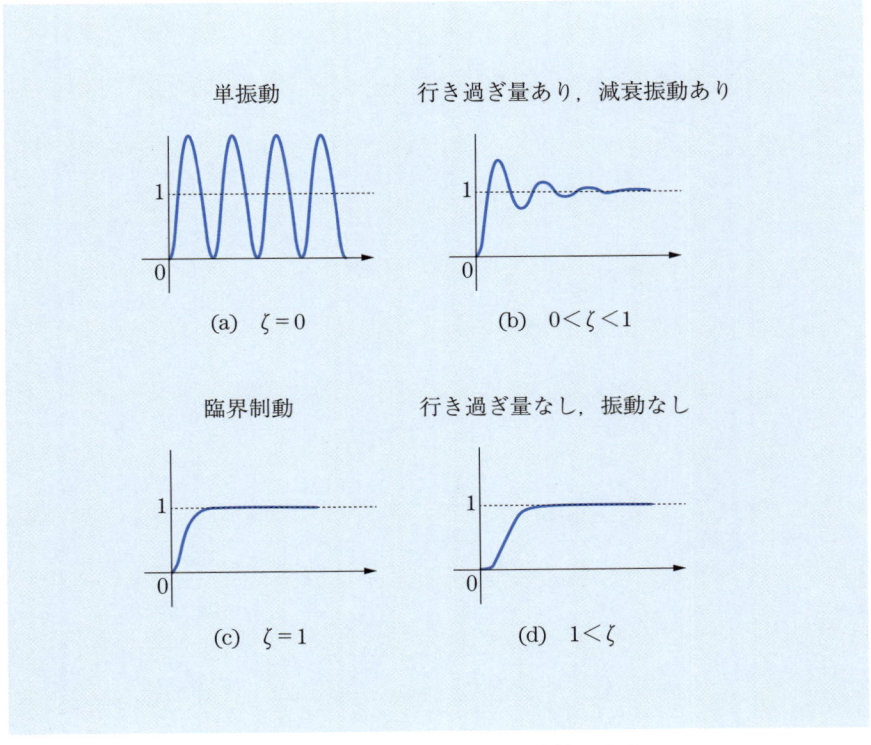

単振動　　　　　　　行き過ぎ量あり，減衰振動あり

(a) $\zeta = 0$　　　　　　(b) $0 < \zeta < 1$

臨界制動　　　　　　行き過ぎ量なし，振動なし

(c) $\zeta = 1$　　　　　　(d) $1 < \zeta$

図 7.15　係数によるステップ応答の変化

7章の問題

☐ **1**　自分の身の周りでの「量の制御」の例をとりあげ，モデル化してみよ．

第8章

フィードバック制御系の構成

　7章までの前半で，量の制御に関して基本的な事柄を学んできた．目標とする値にしたり，外乱による影響を抑えるためにはフィードバックの概念が重要であることも理解した．

　8章からの後半は，この概念に基づいた「フィードバック制御系」について詳しく学ぶ．まずは，その構成について把握する．

第 8 章 フィードバック制御系の構成

8.1 制御系の構成の基本

制御量を目標値に一致させるためには，制御対象に対して何らかの操作指令を発する必要があり，それはコントローラが司っている．単に目標値に応じて制御対象へ操作を発令する場合は，図 8.1 に示すような構成となる．

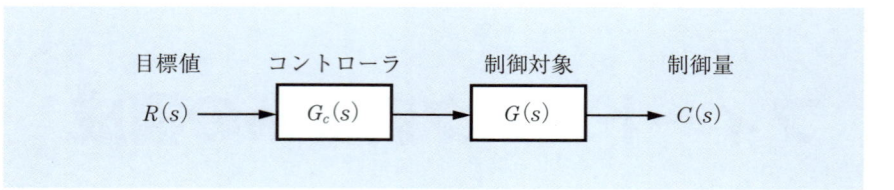

図 8.1 量の制御

この構成は，あらかじめ操作と制御の結果がわかっているならば，それぞれの目標値に応じた操作を発令することにより，制御量を目標値に一致させることができる．しかし，図 8.2 に示すように，外乱が入ると制御量が乱され，制御量は目標値からずれてしまう．

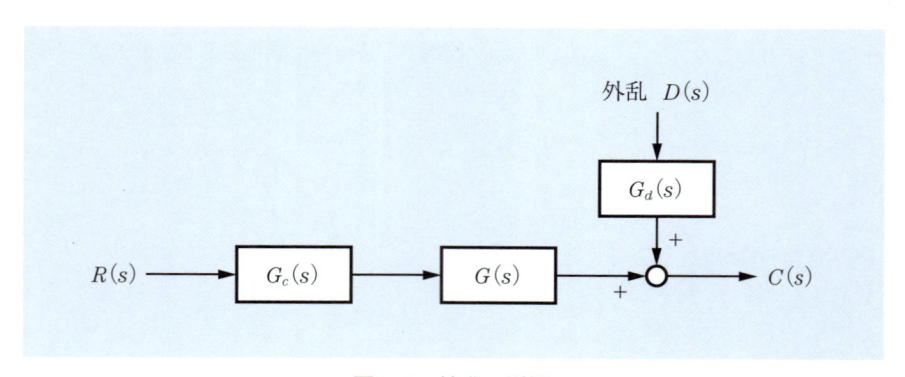

図 8.2 外乱の影響

このような場合，外乱およびそれが制御量に与える影響があらかじめわかるならば，図 8.3 に示すように，外乱を検出してそれに応じて操作指令を修正することで，制御量を目標値に一致させることができる．このような構成の制御系を**フィードフォワード制御**という．

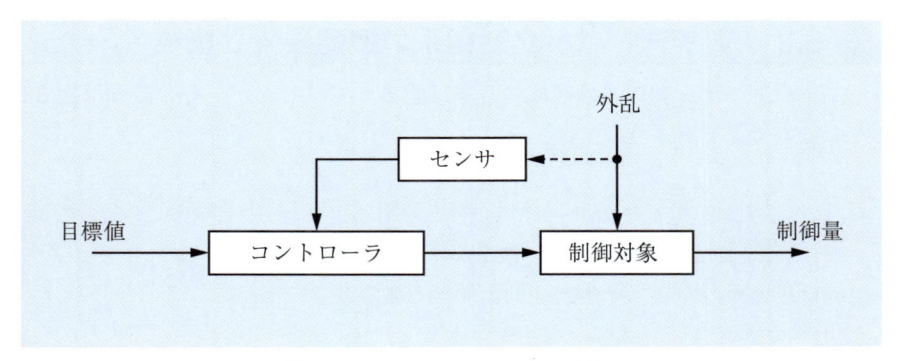

図 8.3　フィードフォワード制御

しかし，外乱が検出できない場合，あるいは外乱が検出できても，それが制御量に与える影響があらかじめわからないような未知の外乱の場合には対応できない．そこで，外乱を検出して操作指令の修正を行うのではなく，外乱などの原因に関わらず制御量が目標値からずれているならば，そのずれをなくすように操作を発令する構成とすれば解決できる．そのために図 8.4 に示すように，制御量を検出してコントローラに制御結果をフィードバックして，目標値と比較できるようにする．このような構成の制御系を**フィードバック制御**という．

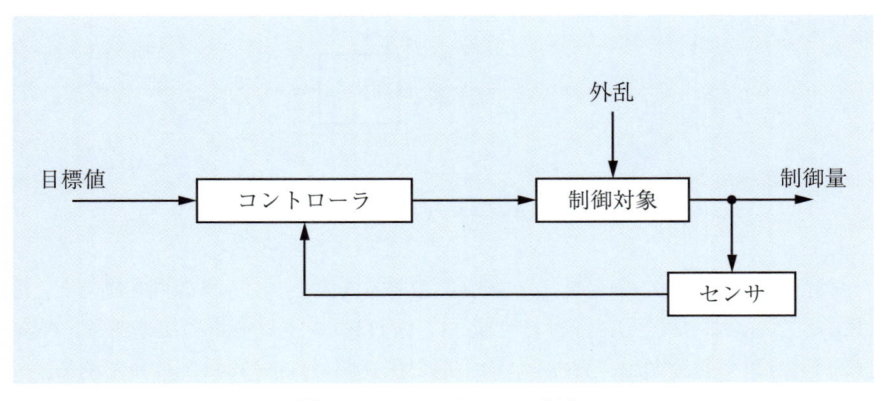

図 8.4　フィードバック制御

8.2 フィードバック制御系の機能要素と構成

フィードバック制御系の構成の基本は図 8.4 で示したが，その詳細は図 8.5 となるので見てみよう．

(1) まず，設定部により目標値が与えられる．
(2) 目標値は比較部に入り，検出部により検出されフィードバックされた制御量と比較され，その差を制御偏差とする．
(3) それが制御演算部に入り操作指令を決定する．
(4) 操作指令により操作部が操作量を発生し，制御対象に操作が加えられる．
(5) 制御対象にはさらに外乱も加わり，制御量となる．

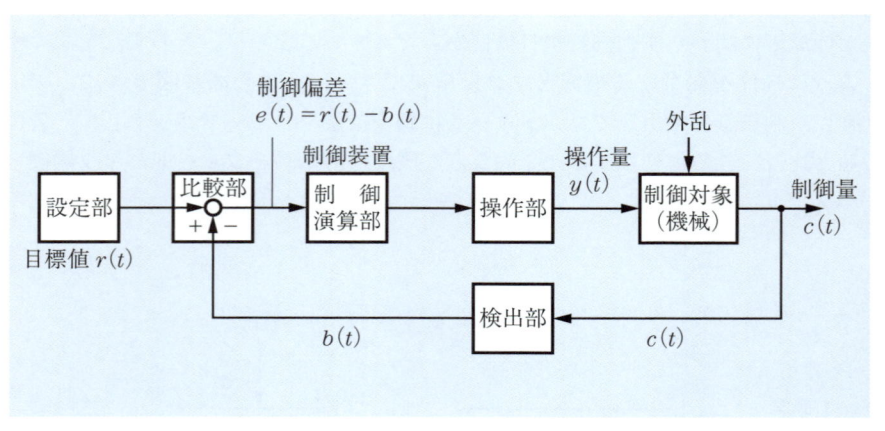

図 8.5 フィードバック制御系の構成

外乱が入らないフィードバック制御系の基本構成をブロック線図で描くと，図 8.6 となる．ここで，$R(s)$ は目標値，$G_c(s)$ はコントローラの伝達関数，$G(s)$ は制御対象の伝達関数，$H(s)$ は検出部の伝達関数，$C(s)$ は制御量である．

フィードバック制御系に外乱が入る場合は，ブロック線図は図 8.7 のように変更すればよい．ここで，$D(s)$ は外乱，$G_d(s)$ は外乱の伝達関数である．

8.2　フィードバック制御系の機能要素と構成

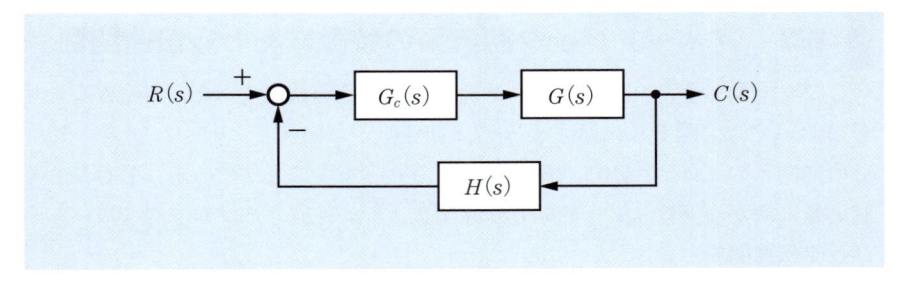

図 8.6　フィードバック制御系の基本のブロック線図

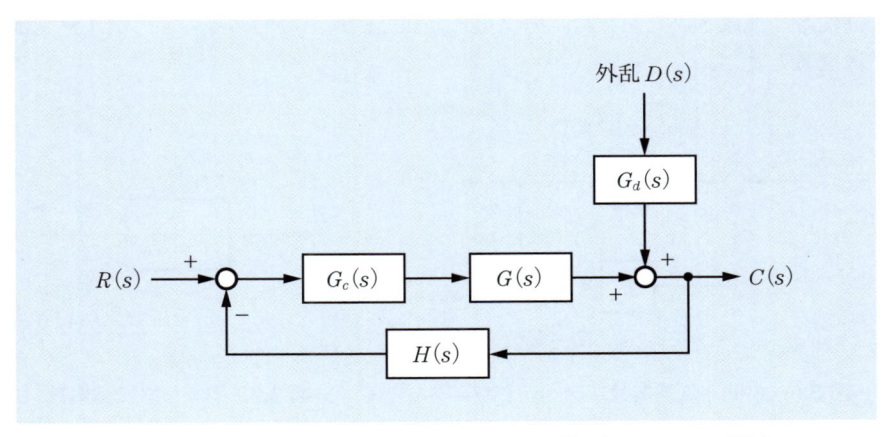

図 8.7　外乱が入る場合のフィードバック制御系のブロック線図

8.3 フィードバック制御系の特徴に関わる伝達関数

ここまで見てきたフィードバック制御系の構成を整理すると，外乱がない場合においては，図 8.8 に示すように，目標値から制御量に向かうブロックと，その逆向きのブロックから構成されているとみなすことができる．目標値から制御量に向かうブロックを**前向き伝達関数**，その逆向きのブロックを**フィードバック伝達関数**とよぶ．

このブロック線図を等価変換し，目標値から制御量に至る 1 つのブロックにすると，図 8.9 となる．このブロックは，前向き伝達関数とフィードバック伝達関数で構成された閉じたループをまとめた伝達関数であるので，**閉ループ伝達関数**とよぶ．

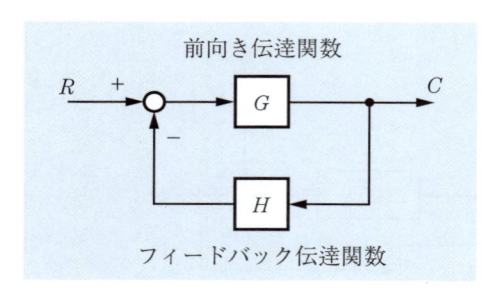

図 8.8 前向き伝達関数，フィードバック伝達関数

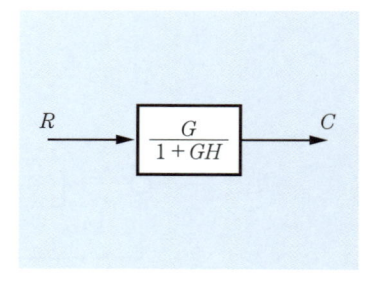

図 8.9 閉ループ伝達関数

これに対し図 8.10 のように，前向き伝達関数とフィードバック伝達関数で構成されたループ部分のみの伝達関数は GH となり，これを**一巡伝達関数**とよぶ．

フィードバック制御系に外乱が入る場合については，ブロック線図は図 8.11 のようになる．これを等価変換すると，図 8.12 が得られる．

図 8.12 のブロック線図より

$$C = \frac{G}{1+GH}R + \frac{L}{1+GH}D$$

であることがわかる．よって，目標値 R から制御量 C までの伝達関数は，$\frac{G}{1+GH}$．また，外乱 D から制御量 C までの伝達関数は $\frac{L}{1+GH}$ となる．このようにフィードバック制御系においては，$1+GH$ が特性に関わっており，$1+GH=0$ を**特性方程式**とよぶ．

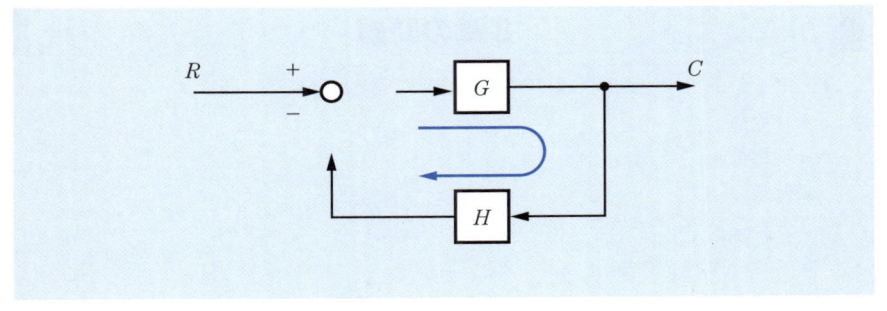

図 8.10 一巡伝達関数 GH

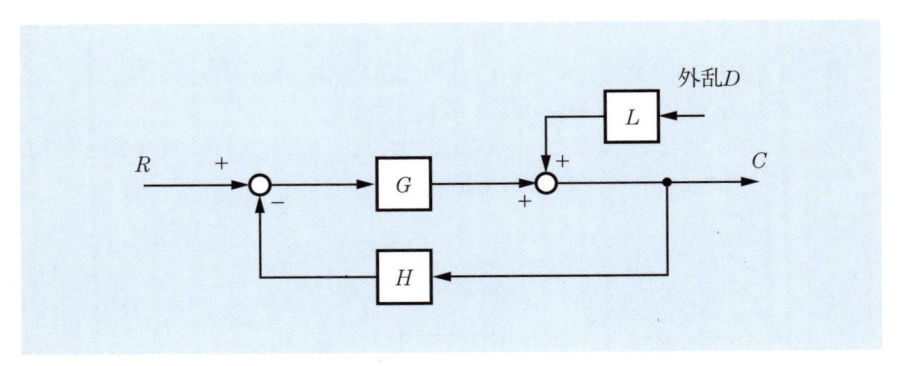

図 8.11 外乱が入る場合

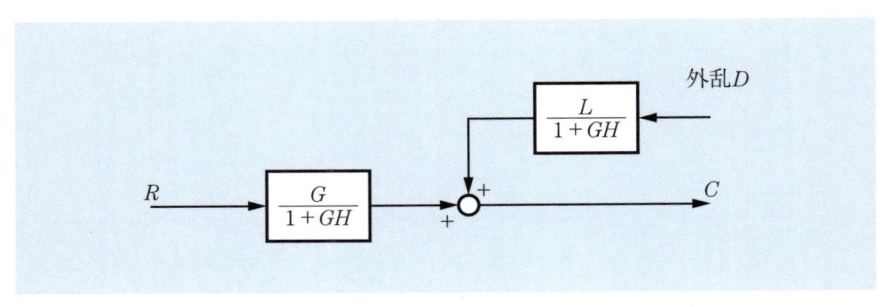

図 8.12 目標値および外乱から制御量までの関係

8章の問題

☐ **1** フィードバック制御系の基本構成を図で表し
- 目標値
- 制御量
- 偏差
- 外乱
- フィードバック量

を明記せよ．

☐ **2** フィードバック制御系のブロック線図において，前向き伝達関数，フィードバック伝達関数を示せ．また，閉ループ伝達関数および一巡伝達関数を，前向き伝達関数やフィードバック伝達関数を用いて求めよ．

☐ **3** フィードバック制御系に，図1に示すように外乱 $D(s)$ が入った．
(1) 外乱 $D(s)$ による制御量 $C(s)$ の変動を求めよ．
(2) そして，外乱が制御量に与える影響に関して，フィードバックがないときと比較し，フィードバックの効果を説明せよ．

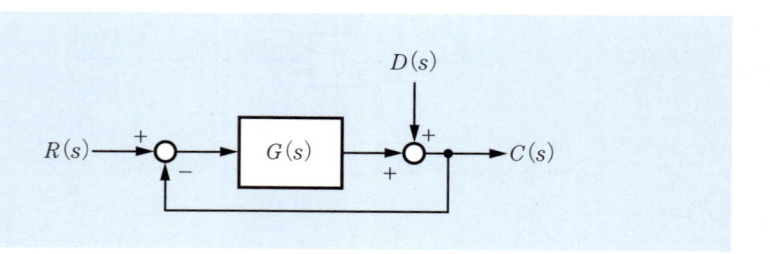

図 1

第9章

フィードバック制御系の定常特性

　フィードバック制御は，制御量を目標値に一致させることが目的である．新たな目標値が与えられてから応答が落ち着いて一定の状態になったとき，あるいは外乱が入り制御量が目標値からずれてから修正操作が行われて一定の状態になったとき，制御量が目標値にどれだけ近いかが制御系のよさの要点の1つである．

　本章では，このフードバック制御系の定常特性について学ぶ．

9.1 フィードバック制御系における定常偏差

フィードバック制御系は，制御量を検出してコントローラに制御結果をフィードバックして目標値と比較し，制御量が目標値からずれているならばそのずれをなくすように修正操作を行うものである．目標値と制御量の差は**制御偏差**（単に**偏差**ともいう）とよばれ，図 9.1 の $E(s)$ である．

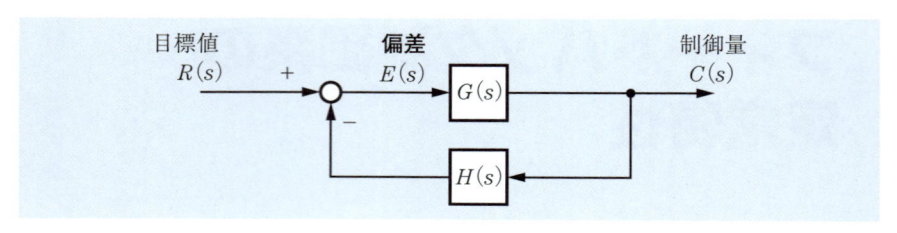

図 9.1　フィードバック制御系

制御の目的からすれば偏差がないことが欲する状態であり，それが達成できているかが制御系の性能として重要である．ただし，制御系の応答には遅れを伴うものもあるので，定常状態において偏差がどれだけ残っているかを制御性能のよさの判断に用いる．定常状態における偏差を**定常偏差**とよぶ．

定常偏差を数式で求めてみよう．まず，ブロック線図より次式を得る．

$$E(s) = R(s) - H(s)C(s), \quad C(s) = G(s)E(s)$$

これより

$$E(s) = R(s) - H(s)G(s)E(s)$$
$$(1 + G(s)H(s))E(s) = R(s)$$
$$\therefore \quad E(s) = \frac{R(s)}{1 + G(s)H(s)}$$

偏差の時間関数は $e(t)$ であるが，定常状態における値は時間が十分経過したものであるから $\lim_{t \to \infty} e(t) = e(\infty)$ となる．最終値定理を用いると

$$\lim_{t \to \infty} e(t) = e(\infty) = \lim_{s \to 0} sE(s)$$

よって，図 9.1 のフィードバック制御系における定常偏差は

$$\lim_{t \to \infty} e(t) = e(\infty) = \lim_{s \to 0} sE(s) = \lim_{s \to 0} \frac{sR(s)}{1 + G(s)H(s)}$$

9.2 目標値と定常偏差

前節ではフィードバック制御系における，目標値に対する定常偏差の式が得られた．目標値の与え方と定常偏差の関係を捉えてみよう．目標値の与え方は，一定の値を与える，一定の速度で変化する，一定の加速度で変化するなどがよく用いられる．

(1) 目標値が一定の値の場合

一定の値の目標値が与えられるということは，目標値がステップ関数であるとして扱えばよい（**ステップ入力**）．いま，目標値が大きさ h のステップ関数であるとすると

$$R(s) = \frac{h}{s}$$

であるから，定常偏差は

$$\begin{align} e(\infty) &= \lim_{s \to 0} s \frac{h/s}{1 + G(s)H(s)} \\ &= \frac{h}{1 + G(0)H(0)} \end{align} \tag{9.1}$$

となる．

(2) 目標値が一定の速度で変化する場合

目標値が一定の速度で変化するということは，目標値がランプ関数であるとして扱えばよい（**ランプ入力**）．いま，目標値が速度 v のランプ関数であるとすると

$$R(s) = \frac{v}{s^2}$$

であるから，定常偏差は

$$\begin{align} e(\infty) &= \lim_{s \to 0} s \frac{v/s^2}{1 + G(s)H(s)} \\ &= \lim_{s \to 0} \frac{v/s}{1 + G(s)H(s)} \end{align} \tag{9.2}$$

となる．

(3) 目標値が一定の加速度で変化する場合

目標値が一定の加速度で変化するということは，目標値が加速度関数であるとして扱えばよい（**定加速度入力**）．いま，目標値が加速度 a の等加速度関数であるとすると，

$$R(s) = \frac{a}{s^3}$$

であるから，定常偏差は

$$\begin{aligned}
e(\infty) &= \lim_{s \to 0} s \frac{a/s^3}{1+G(s)H(s)} \\
&= \lim_{s \to 0} \frac{a/s^2}{1+G(s)H(s)}
\end{aligned} \tag{9.3}$$

となる．

(4) フィードバック制御系の形による違い

フィードバック制御系の前向き伝達関数 $G(s)$ は，一般には s に関する有理式である．その分母を因数分解したときそこに含まれる s^n の次数 n により特徴づけられる．s^n の次数が 0 の場合を **0形**，1 の場合を **1形**，2 の場合を **2形**，3 の場合を **3形** とよぶ．なお，積分要素の伝達関数が $1/s$ であるので，n は積分要素の数に対応する．

2形の例として，$G(s) = K/\{s^2(1+sT)\}$ を考えてみよう．簡単のために $H(s) = 1$ であるとする．

- 目標値が一定の場合：式 (9.1) より

$$e(\infty) = \frac{h}{1+K/\{0^2(1+0T)\} \cdot 1} = \frac{h}{\infty} = 0$$

- 目標値が一定の速度の場合：式 (9.2) より

$$(\infty) = \lim_{s \to 0} \frac{v/s}{1+K/\{s^2(1+sT)\} \cdot 1} = \lim_{s \to 0} \frac{v}{s+K/\{s(1+sT)\} \cdot 1} = \frac{v}{\infty} = 0$$

- 目標値が一定の加速度の場合：式 (9.3) より

$$e(\infty) = \lim_{s \to 0} \frac{a/s^2}{1+K/\{s^2(1+sT)\} \cdot 1} = \lim_{s \to 0} \frac{a}{s^2+K/(1+sT)} = \frac{a}{K}$$

9.2 目標値と定常偏差

それぞれの形について (1)〜(3) で求めた定常偏差の式に代入し結果を表にまとめると**表 9.1** のように整理できる．ただし，系のゲインを K（一定），$H(s) = 1$ とし，また振動的な過渡応答をしないパラメータとする．

表 9.1 フィードバック制御系に，ステップ入力，ランプ入力，定加速度入力を印加したときの応答

	ステップ入力	ランプ入力	定加速度入力
0形	$e(\infty) = \frac{h}{1+K}$	$e(\infty) = \infty$	$e(\infty) = 0$
1形	$e(\infty) = 0$	$e(\infty) = \frac{v}{K}$	$e(\infty) = 0$
2形	$e(\infty) = 0$	$e(\infty) = 0$	$e(\infty) = \frac{a}{K}$
3形	$e(\infty) = 0$	$e(\infty) = 0$	$e(\infty) = 0$

9.3 外乱による影響

ここまでは，フィードバック制御系における目標値に対する定常特性のみを見てきた．フィードバック制御系において偏差を発生する要因には，外乱の印加もある．外乱による定常偏差についても把握しよう．

(1) 制御量の直前に外乱が印加された場合

図 9.2 に示すように制御量の直前に外乱が印加されたとする．

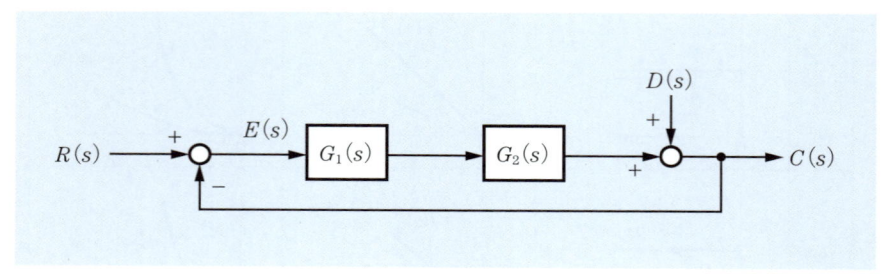

図 9.2 制御量の直前への外乱の印加

このときの制御量は次のように求まる．

$$\begin{cases} C(s) = G_1(s)G_2(s)E(s) + D(s) \\ E(s) = R(s) - C(s) \end{cases}$$

$$C(s) = G_1(s)G_2(s)\{R(s) - C(s)\} + D(s)$$
$$= G_1(s)G_2(s)R(s) - G_1(s)G_2(s)C(s) + D(s)$$
$$(1 + G_1(s)G_2(s))C(s) = G_1(s)G_2(s)R(s) + D(s)$$
$$\therefore\quad C(s) = \frac{G_1(s)G_2(s)}{1 + G_1(s)G_2(s)}R(s) + \frac{1}{1 + G_1(s)G_2(s)}D(s)$$

目標値から制御量までの伝達関数は

$$\frac{G_1(s)G_2(s)}{1 + G_1(s)G_2(s)}$$

外乱から制御量までは

$$\frac{1}{1 + G_1(s)G_2(s)}$$

であり，目標値からと外乱からでは制御量に至る伝達関数が異なる．

(2) 制御量との間に伝達関数がある位置に外乱が印加された場合

図 9.3 に示すように制御量との間に伝達関数が挟まる位置に外乱が印加されたとする．

このときの制御量は次のように求まる．

$$\begin{cases} C(s) = G_1(s)G_2(s)E(s) + G_2(s)D(s) \\ E(s) = R(s) - C(s) \end{cases}$$

$$C(s) = G_1(s)G_2(s)\{R(s) - C(s)\} + G_2(s)D(s)$$
$$= G_1(s)G_2(s)R(s) - G_1(s)G_2(s)C(s) + G_2(s)D(s)$$
$$(1 + G_1(s)G_2(s))C(s) = G_1(s)G_2(s)R(s) + G_2(s)D(s)$$
$$\therefore \quad C(s) = \frac{G_1(s)G_2(s)}{1 + G_1(s)G_2(s)}R(s) + \frac{G_2(s)}{1 + G_1(s)G_2(s)}D(s)$$

目標値から制御量までの伝達関数は

$$\frac{G_1(s)G_2(s)}{1 + G_1(s)G_2(s)}$$

で (1) の場合と等しいが，外乱から制御量までは

$$\frac{G_2(s)}{1 + G_1(s)G_2(s)}$$

であり (1) の場合とは異なっている．(1) と (2) を比べると，同じ外乱であっても，印加される位置により制御量に至る伝達関数が異なることに注意が必要である．

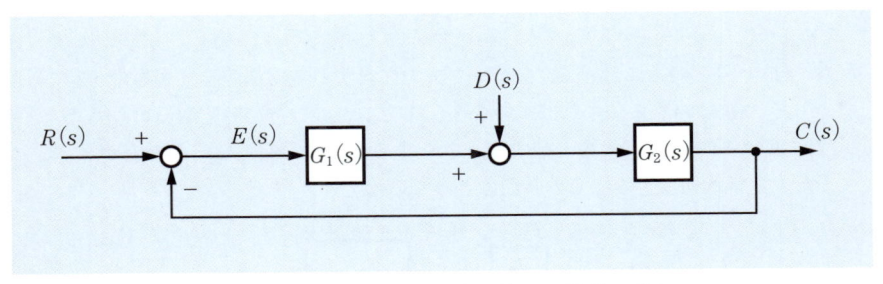

図 9.3 制御量の伝達関数の前への外乱の印加

9章の問題

☐ **1** 定常偏差とは何かを説明せよ．

☐ **2** インパルス入力，ステップ入力，ランプ入力，加速度入力とは，それぞれどのような入力かを図を交えて説明せよ．

☐ **3** 図1(a) に示すフィードバック制御系は安定で，一定値の目標値 A が与えられ定常状態にある．この系に，大きさ B のステップ関数の外乱を加えて，系の定常偏差を観測した．外乱を図 (b) に示すように加えたときの定常偏差を $e_1(\infty)$，また，図 (c) に示すように加えたときの定常偏差を $e_2(\infty)$ とする．$e_1(\infty)$ および $e_2(\infty)$ を求めよ．ただし，K, T, A, B は正の定数とする．

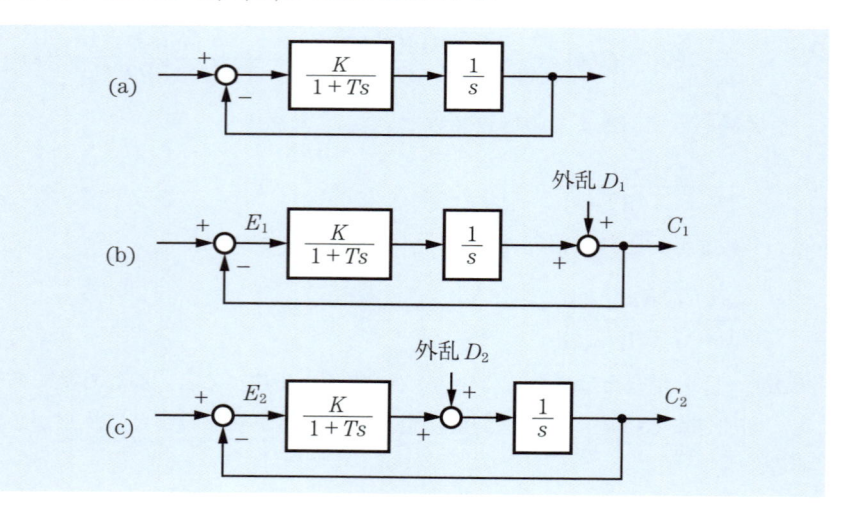

図1

☐ **4** (1) 図2の系において，ステップ入力に対する定常偏差を，入力の1%にしたい．K の値はいくらにすればよいか？ また，このときの時定数はいくらか？
(2) K の値を (1) で求めた値より小さくすると，定常偏差はどうなるか？また，定常状態に至るまでの時間はどうなるか？

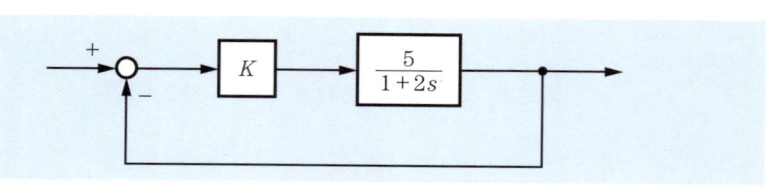

図2

第10章

フィードバック制御系の過渡特性

　9章では，フィードバック制御系の定常状態での特性について学んだ．
　制御系に入力される目標値が変化したとき，あるいは外乱が入ったとき，定常状態に至るまでの間の応答はどのようになるのであろうか．基本要素の特徴は以前に学んだが，本章ではこれらの要素やそれらを組み合わせた対象にフィードバック制御をかけた場合の過渡特性について学ぶ．

10.1 フィードバック制御系の伝達関数

伝達関数 G で表される制御対象に対するフィードバック制御系は，8.3 節で学んだように一般に図 10.1 に示すように構成される．この系は等価変換により図 10.2 となり，目標値から制御量までの伝達関数は閉ループ伝達関数である

$$\frac{G}{1+GH}$$

となる．よって，この制御対象 G に対してフィードバック制御をかけた場合，入力された目標値の変化に対する制御量の応答である過渡応答は，対象要素の伝達関数 G のみで考えることはできない．目標値から制御量に至る閉ループ伝達関数を求め，この伝達関数により求めなくてはならない．

制御対象の要素そのものの伝達関数と閉ループ伝達関数は，以下に示すように，同類の場合もあれば別類のものとなることがある．

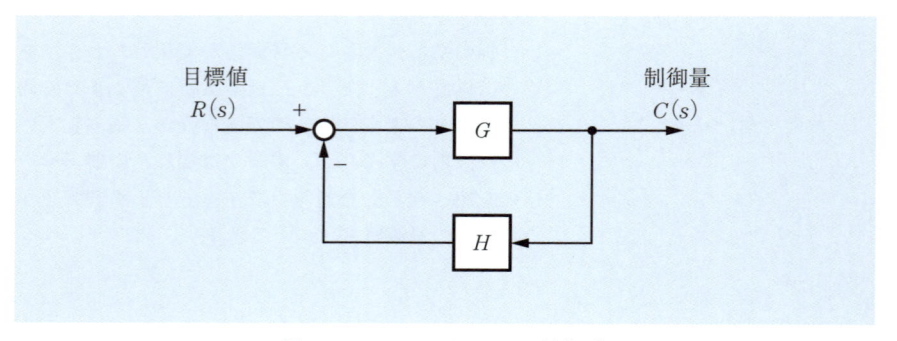

図 10.1　フィードバック制御系

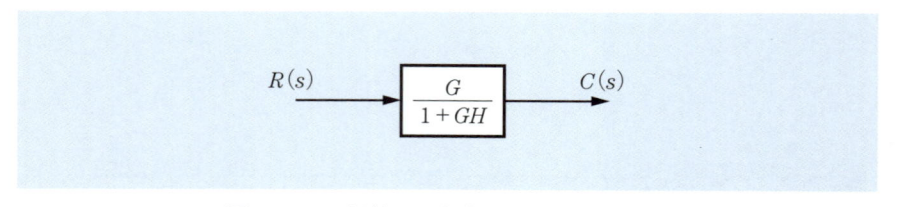

図 10.2　目標値から制御量までの伝達関数

10.1 フィードバック制御系の伝達関数

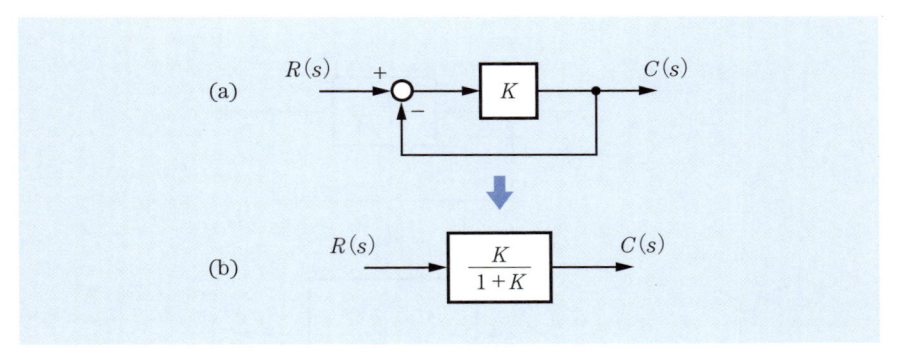

(1) 比例要素に対するフィードバック制御

比例要素をフィードバック制御する場合のブロック線図を図 10.3 (a) に示す．この系を等価変換して閉ループ伝達関数を求めると同図 (b) となる．これより，比例要素はフィードバック制御しても比例系であるが，ゲインが異なる．

図 10.3 比例要素に対するフィードバック制御

(2) 比例要素と積分要素の組合せに対するフィードバック制御

比例要素と積分要素の組合せをフィードバック制御する場合のブロック線図を図 10.4 (a) に示す．この系を等価変換して閉ループ伝達関数を求めると同図 (b) となる．これより，比例要素と積分要素の組合せをフィードバック制御すると 1 次遅れ系となることがわかる．

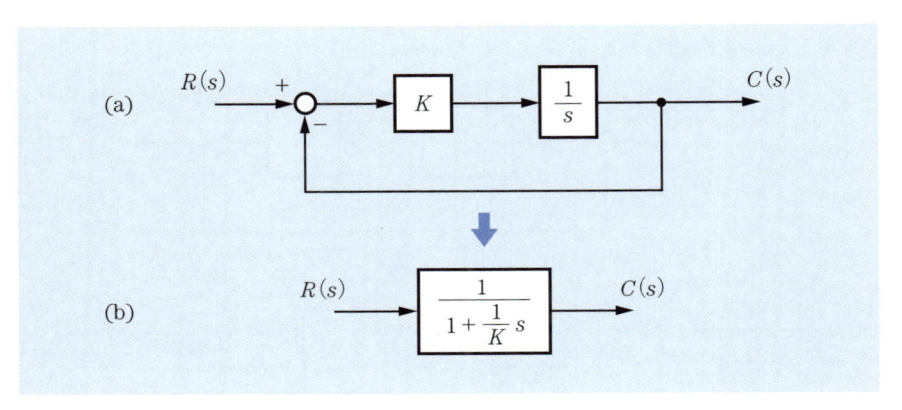

図 10.4 比例要素と積分要素の組合せに対するフィードバック制御

(3) 1次遅れ要素に対するフィードバック制御

1次遅れ要素をフィードバック制御する場合のブロック線図を図 10.5 (a) に示す．この系を等価変換して閉ループ伝達関数を求めると同図 (b) となる．これより，1次遅れ要素をフィードバック制御すると 1 次遅れ系であるが，ゲイン定数と時定数が変わることがわかる．

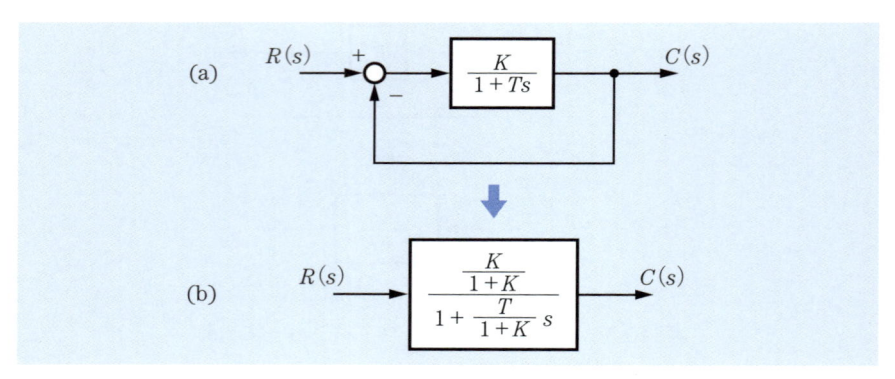

(a) $R(s) \to \bigotimes \to \dfrac{K}{1+Ts} \to C(s)$

(b) $R(s) \to \dfrac{\dfrac{K}{1+K}}{1+\dfrac{T}{1+K}s} \to C(s)$

図 10.5 1 次遅れ要素に対するフィードバック制御

(4) 1次遅れ要素と積分要素の組合せに対するフィードバック制御

1次遅れ要素と積分要素の組合せをフィードバック制御する場合のブロック線図を図 10.6 (a) に示す．この系を等価変換して閉ループ伝達関数を求めると同図 (b) となる．これより，1次遅れ要素と積分要素の組合せをフィードバック制御すると **2 次遅れ系**になることがわかる．

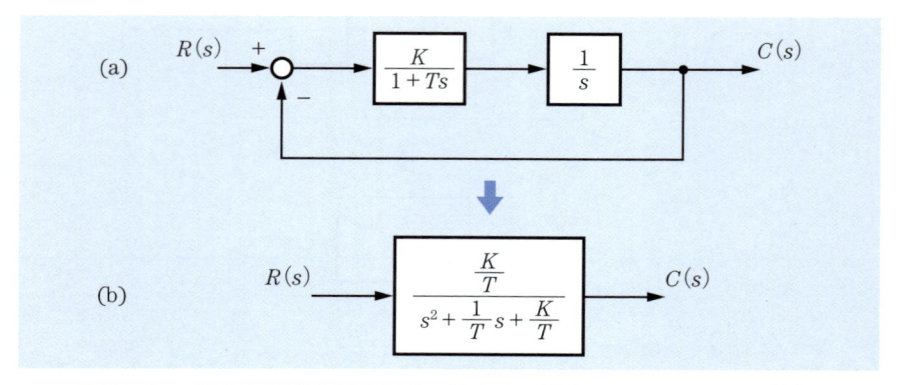

(a) $R(s) \to \bigotimes \to \dfrac{K}{1+Ts} \to \dfrac{1}{s} \to C(s)$

(b) $R(s) \to \dfrac{\dfrac{K}{T}}{s^2+\dfrac{1}{T}s+\dfrac{K}{T}} \to C(s)$

図 10.6 1 次遅れ要素と積分要素の組合せに対するフィードバック制御

10.2　1次遅れ系の過渡応答

閉ループ伝達関数が1次遅れになる系は，伝達関数を

$$\frac{K}{1+sT}$$

と表すことができ，その応答は1次遅れ要素と同様にゲイン定数 K と時定数 T により特徴づけられる．この系の単位ステップ入力に対する応答は図 10.7 のようになる．

1次遅れ系の過渡現象として，時定数 T が大きくなると最終値への到達時間が遅くなる．その変化を図 10.8 に示す．

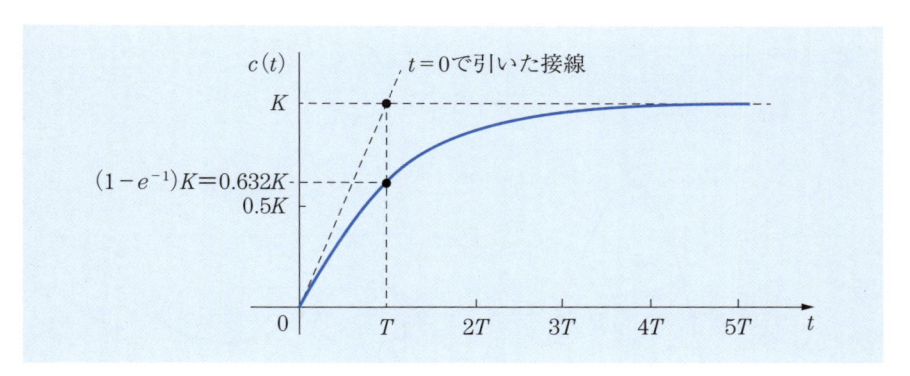

図 10.7　1次遅れ系の過渡応答

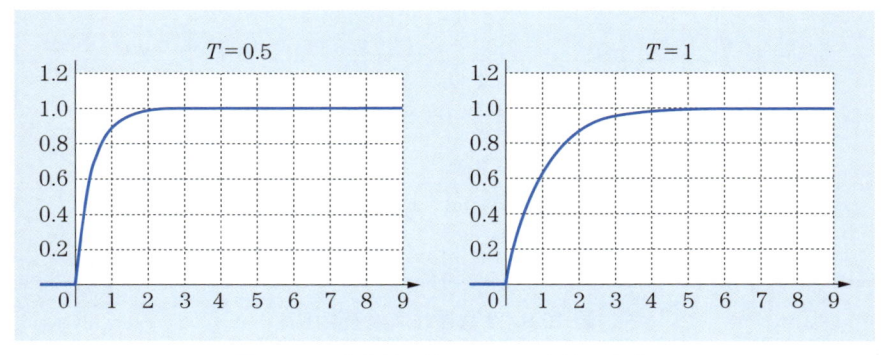

図 10.8　時定数の違いによる応答の変化

10.3　2次遅れ系の過渡応答

閉ループ伝達関数が 2 次遅れになる系は，伝達関数を

$$\frac{K\omega_n^2}{s^2 + 2\zeta\omega_n s + \omega_n^2}$$

と表すことができ，その応答は 2 次遅れ要素と同様にゲイン定数 K，減衰係数 ζ，固有角周波数 ω_n により特徴づけられる．単位ステップ入力に対する応答は図 10.9 のようになる．

過渡現象として，減衰係数 ζ が大きくなると行き過ぎ量が小さくなる．その変化を図 10.10 に示す．

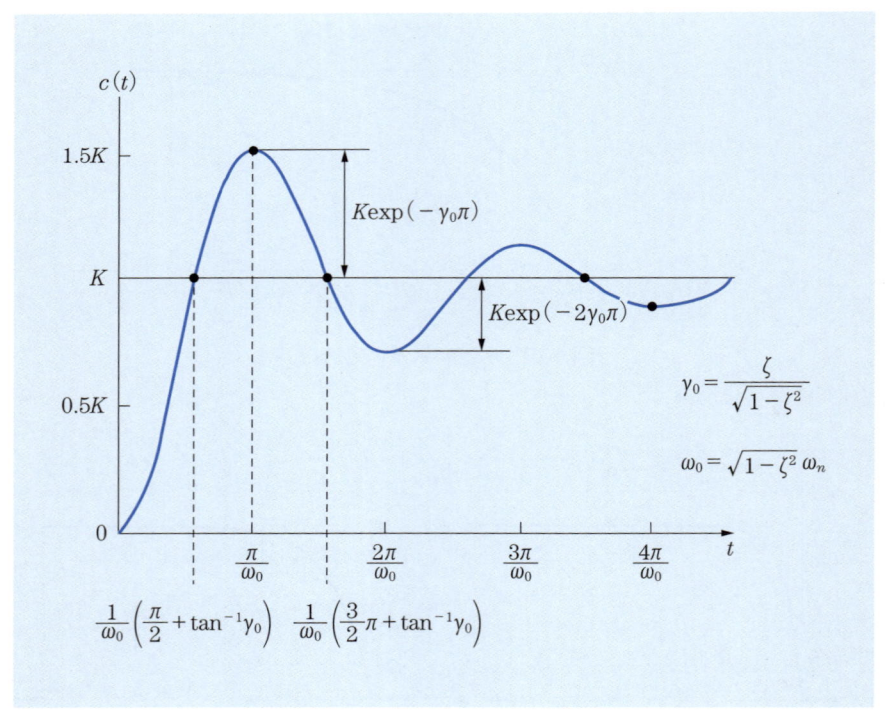

図 10.9　2次遅れ系の過渡応答

10.3 2次遅れ系の過渡応答

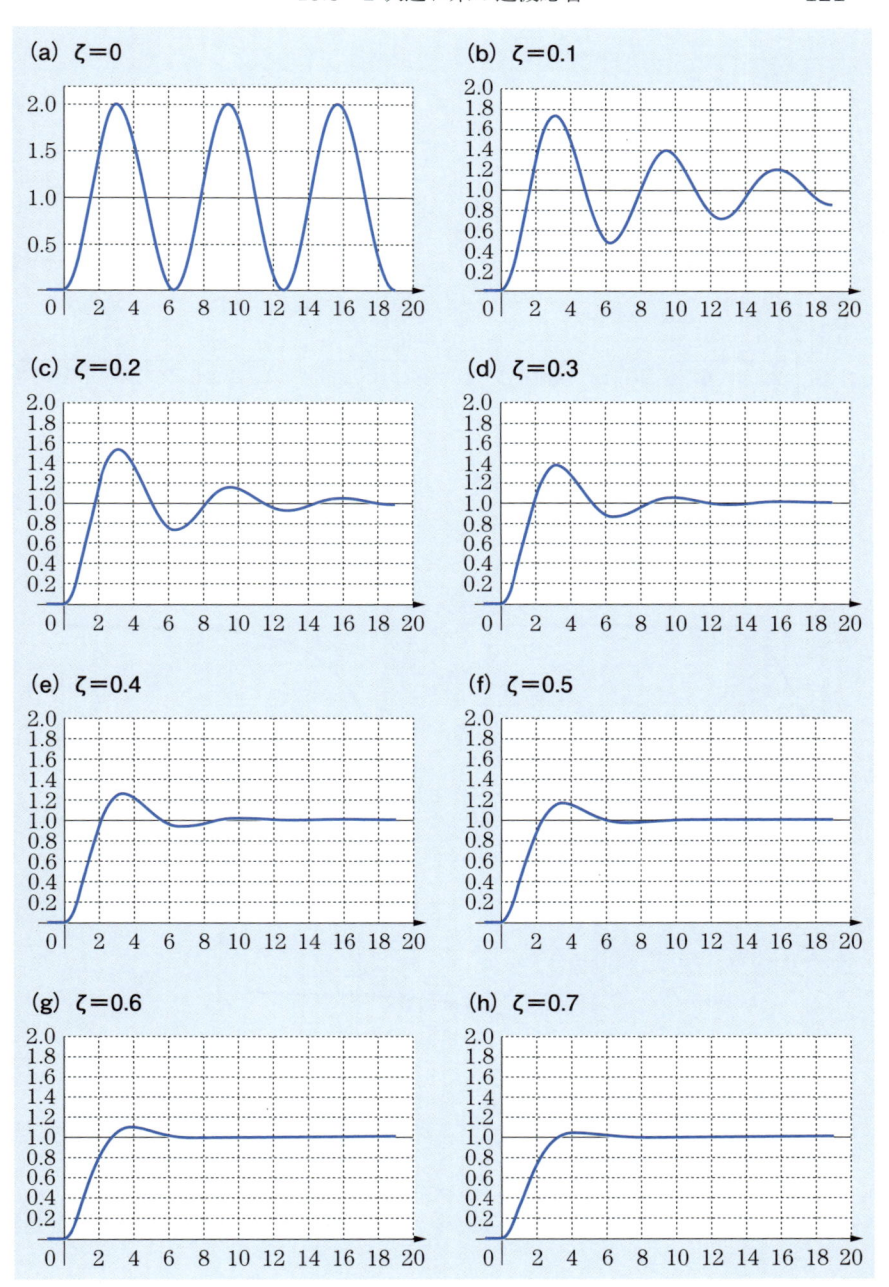

(a) ζ＝0

(b) ζ＝0.1

(c) ζ＝0.2

(d) ζ＝0.3

(e) ζ＝0.4

(f) ζ＝0.5

(g) ζ＝0.6

(h) ζ＝0.7

図 10.10　2次遅れ系の過渡応答の変化

(i) $\zeta=0.8$

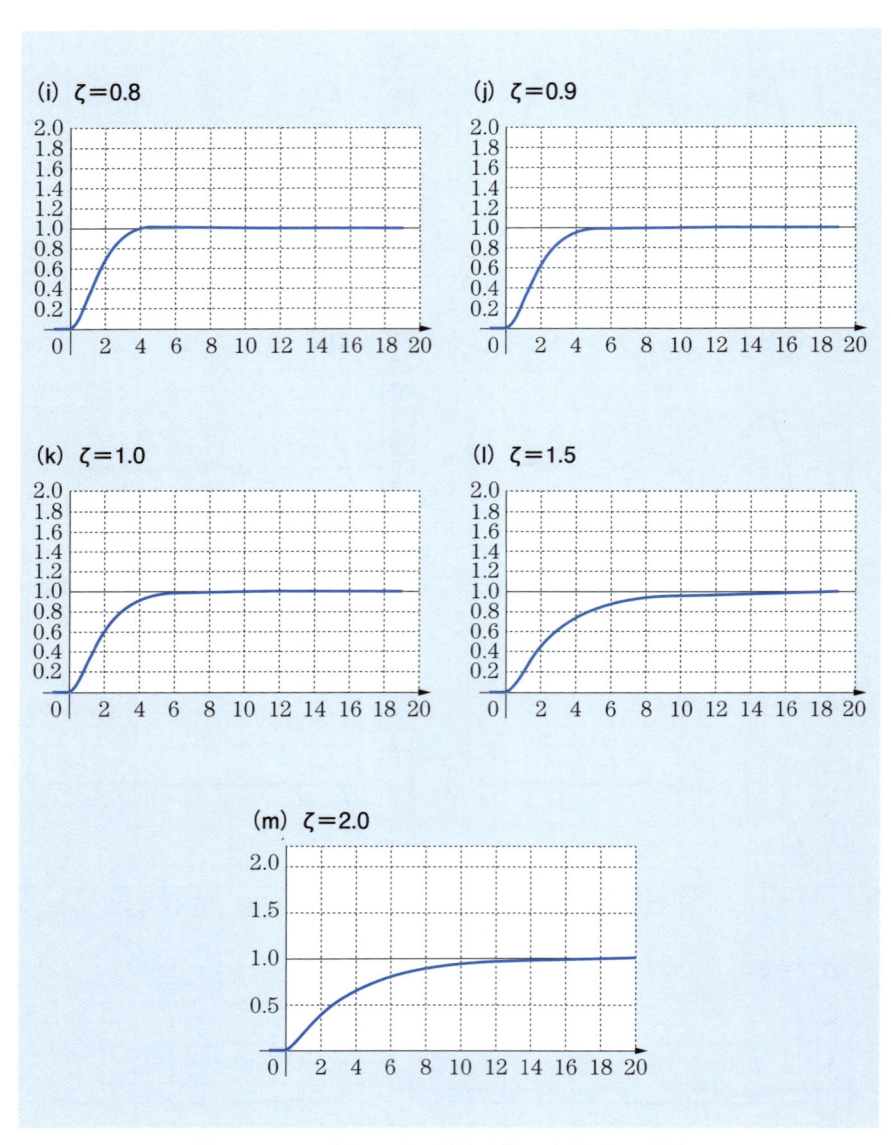

(j) $\zeta=0.9$

(k) $\zeta=1.0$

(l) $\zeta=1.5$

(m) $\zeta=2.0$

図 10.10 2次遅れ系の過渡応答の変化（つづき）

10章の問題

☐ **1** 過渡応答とは何かを説明せよ．

☐ **2** 1次遅れ系のステップ応答の特徴を説明せよ．

☐ **3** 2次遅れ系のステップ応答を図1に示す．
(1) ζ が変化すると応答はどのように変化するか説明せよ．
(2) ω_n が変化すると応答はどのように変化するか説明せよ．

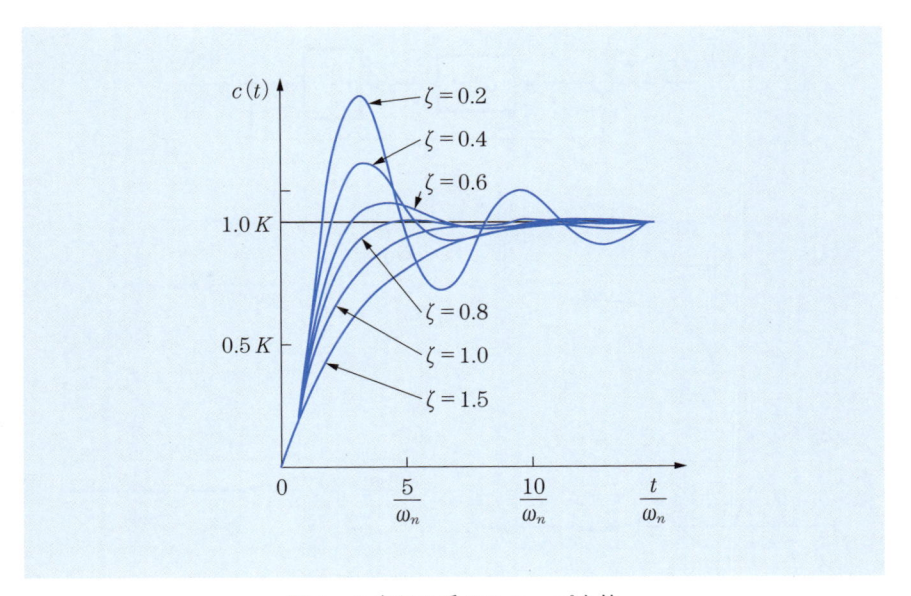

図1 2次遅れ系のステップ応答

☐ **4** 伝達関数 $G(s)$ が1次遅れである要素に単位ステップ信号を入力したところ，図2に示す応答をした．この要素を用いて，図3に示すフィードバック制御系を構成し，単位ステップ信号を入力したとき，その応答の概形として最も妥当なものはどれか．図4から選べ．

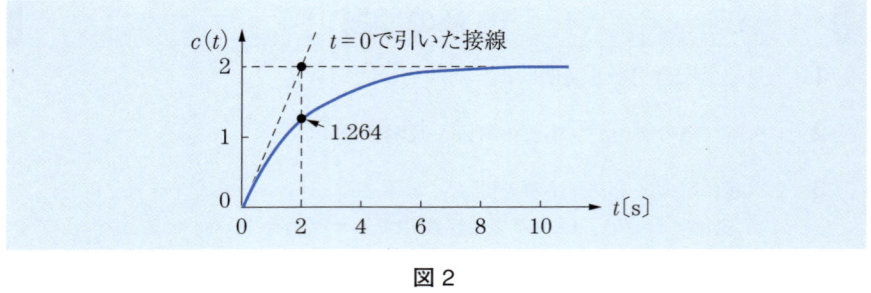

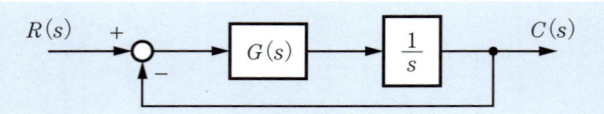

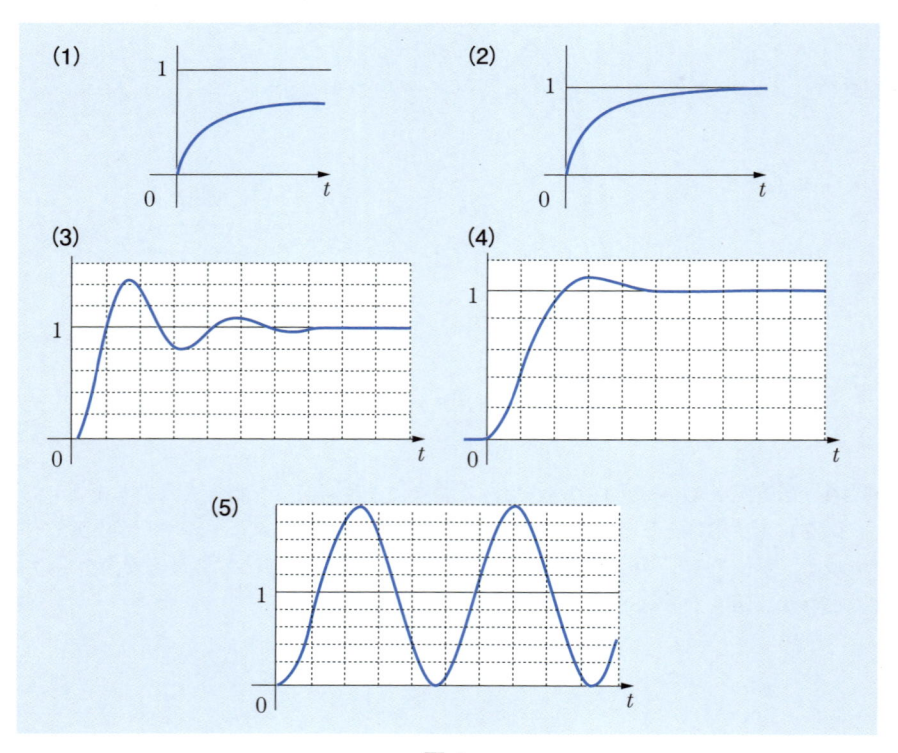

第 10 章　フィードバック制御系の過渡特性

図 2

図 3

(1)

(2)

(3)

(4)

(5)

図 4

第11章

フィードバック制御系の周波数特性

　10章では要素の特性として，ステップ入力やランプ入力などに対する応答について考察した．しかしながら，要素への入力は，ステップ入力やランプ入力などの定型的なものばかりとは限らない．任意の入力が印加されたとき，要素がどのように応答するのか，その特性を把握するために用いられる周波数応答を本章で学ぶ．

11.1 周波数応答

任意の入力波形は，いろいろな角周波数の正弦波の合成としてとらえることができる．要素が線形であるとすると，任意の入力に対する応答は，入力波形を合成しているそれぞれの角周波数の正弦波に対する応答の重ね合わせとなる．よって，要素がいろいろな角周波数の正弦波に対してどのように応答するかを調べておけば，任意の入力に対する応答特性が把握できることになる．

線形な要素にある角周波数の正弦波を入力すると，その出力は同じ角周波数の正弦波であるが，要素の特性に応じて振幅と位相が変化する．その変化の度合いは，入力される正弦波の角周波数に依存している．

図 11.1 に示すように，入力と出力の波形が記される場合，振幅と位相の変化の特性を次のような特徴量として表す．

入出力の振幅比：ゲイン $= \dfrac{X_{out}}{X_{in}}$

入出力の位相差：位相 $= \phi$

ゲインと位相は，入力される正弦波の角周波数 ω ごとに得られるので，ω を $0 \sim \infty$ まで変化させたとき，それぞれがどのように変化するかを捉えると要素の特性を表すことになる．これを，**周波数応答**という．

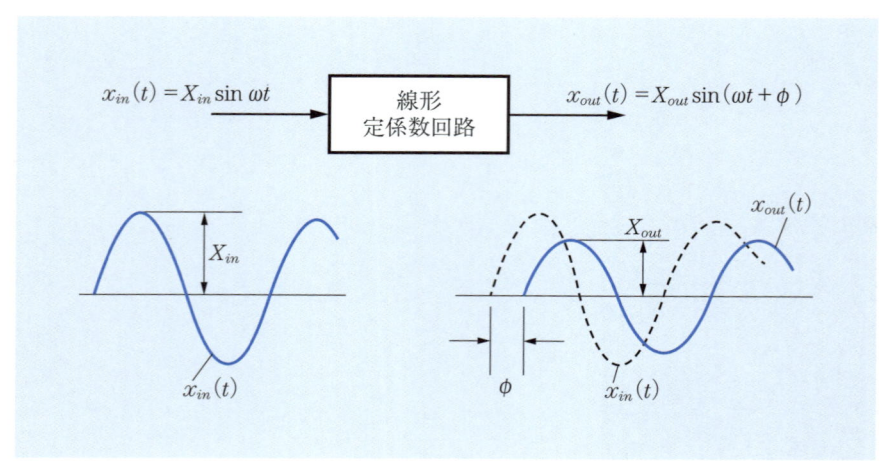

図 11.1　正弦波の入出力関係

11.1 周波数応答

我々は，すでに要素の伝達関数 $G(s)$ を求めているが，角周波数 ω の正弦波に対する要素の出力正弦波への伝達関係は，ラプラス変換における s を $j\omega$ に置き換えた $G(j\omega)$ で表せることが知られている．この $G(j\omega)$ を，周波数伝達関数とよぶ．周波数伝達関数を用いると，

$$\text{ゲイン} = |G(j\omega)|$$
$$\text{位　相} = \angle G(j\omega)$$

として求められる．

このように，ゲインと位相は角周波数 ω の関数として得られるが，ω を変化させていったときの周波数応答をわかりやすく図的表現する方法としては，ベクトル軌跡とボード線図がよく用いられる．

周波数応答は，以下のようにイメージすることができる．いま，2 本の線が引いてあり，その中央に人が立っているとする．その人に対して，「左・右・左・右 $\cdots$」と一定間隔で号令を発する．号令を受けた人は，発令された方向に全速力で引かれた線まで走るものとする（図 11.2）．号令の「左・右 $\cdots$」の切替がゆっくりであれば，線まで走り切りまた号令の方向と走る方向は一致する．しかし，号令の「左・右 $\cdots$」の切替が速くなってくると，線まで走り切らないうちに引き返すことになる．これが，振幅の減少である．また，走っている最中に方向の反転を指示されても，体の動きは瞬時には応答できず，号令に対して体の動きが遅れることになる．これが，位相の遅れである．さらに，号令の「左・右 $\cdots$」の切替が速くなると，体の動きが対応できず止まったような状況になる．これは，振幅が 0 になった状態である．周波数応答では，号令の「左・右 $\cdots$」や両端の線の替わりに正弦波が入力されるものである．

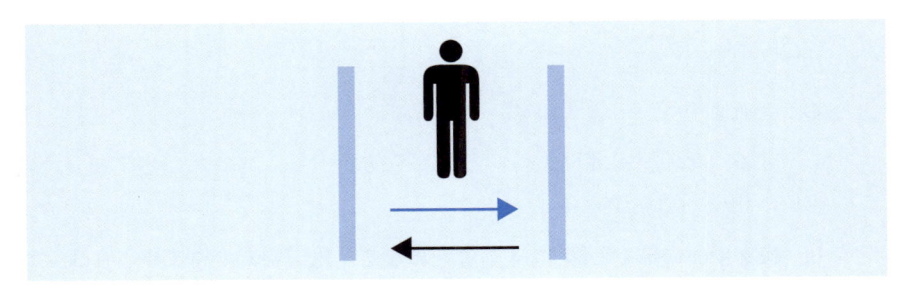

図 11.2　周波数応答のイメージ

11.2 ベクトル軌跡

ベクトル軌跡は，複素平面上に，角周波数 ω のときのゲインと位相をベクトルとして記述し（図 11.3），角周波数を $0\sim\infty$ に変化させて得られたそれぞれのベクトルの先端を結んで，軌跡として描いたものである（図 11.4）．

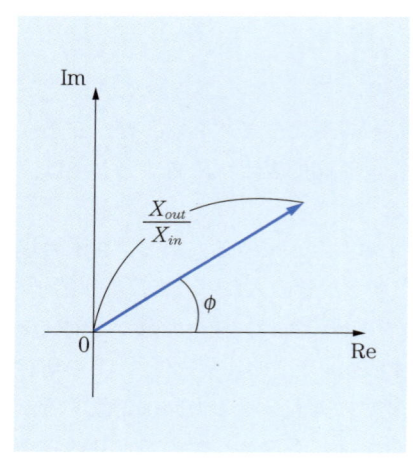

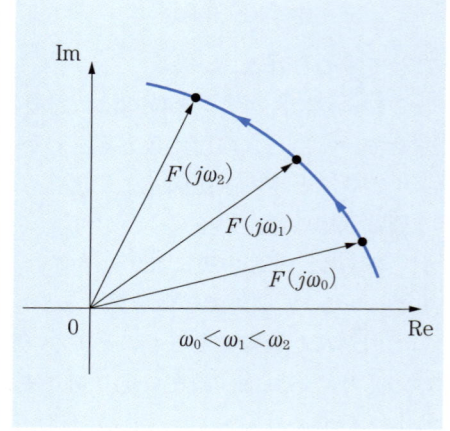

図 11.3　ベクトル（振幅と位相）

図 11.4　ベクトル軌跡

(1) 比例要素

比例要素の伝達関数は

$$G(s) = K$$

である．よって，周波数伝達関数は

$$G(j\omega) = K$$

となる．これより

ゲイン：$|G(j\omega)| = |K|$
位　相：$\angle G(j\omega) = 0$

となり，複素平面に描くと図 11.4 のようになる．比例要素の周波数応答は，ゲインおよび位相ともに角周波数に関わらず一定となることがわかる（図 11.5）．

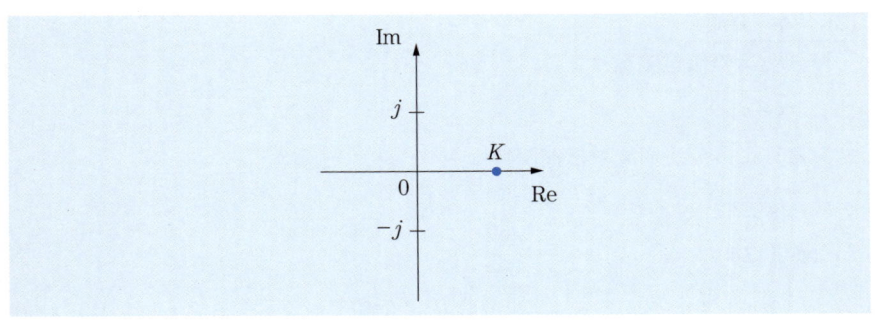

図 11.5　比例要素のベクトル軌跡

(2) 微分要素

微分要素の伝達関数は

$$G(s) = s$$

である．よって，周波数伝達関数は

$$G(j\omega) = j\omega$$

となる．これより

　ゲイン：$|G(j\omega)| = |j\omega| = |\omega|$
　位　相：$\angle G(j\omega) = \angle j\omega = 90°$

となり，複素平面に描くと図 11.6 のようになる．微分要素の周波数応答は，位相は角周波数に関わらず 90° の進みで一定となることがわかる．

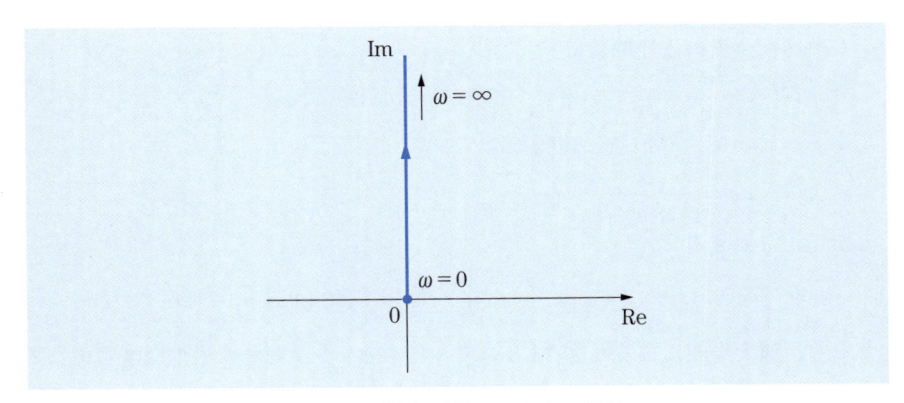

図 11.6　微分要素のベクトル軌跡

(3) 積分要素

積分要素の伝達関数は
$$G(s) = \frac{1}{s}$$
である．よって，周波数伝達関数は
$$G(j\omega) = \frac{1}{j\omega} = \frac{-j}{\omega}$$
となる．これより

$$\text{ゲイン：}|G(j\omega)| = \left|-\frac{j}{\omega}\right| = \left|\frac{1}{\omega}\right|, \quad \text{位相：}\angle G(j\omega) = \angle\left(-\frac{j}{\omega}\right) = -90°$$

となり，複素平面に描くと図 11.7 のようになる．積分要素の周波数応答は，位相は角周波数に関わらず 90° の遅れで一定となることがわかる．

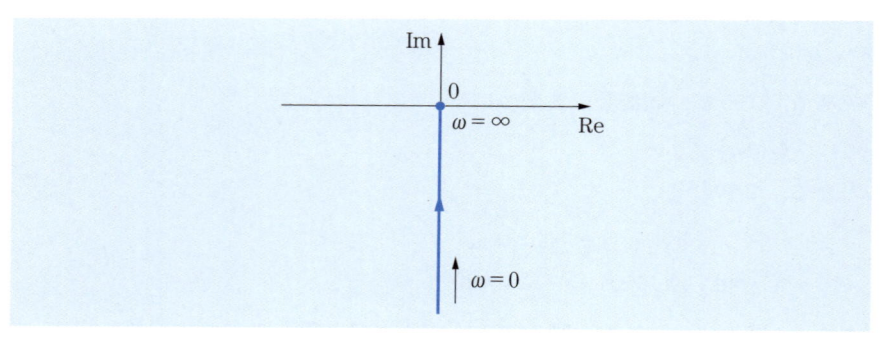

図 11.7 積分要素のベクトル軌跡

(4) 1 次遅れ要素

1 次遅れ要素の伝達関数は
$$G(s) = \frac{K}{1 + sT}$$
である．よって，周波数伝達関数は
$$G(j\omega) = \frac{K}{1 + j\omega T}$$
となる．これより

$$\text{ゲイン：}|G(j\omega)| = \frac{K}{1 + (\omega T)^2}, \quad \text{位相：}\angle G(j\omega) = -\tan^{-1}\omega T$$

となり，複素平面に描くと図 11.8 のようになる．1 次遅れ要素の周波数応答のベクトル軌跡は $\left(\frac{K}{2}, j0\right)$ を中心とし，始点を $(K, j0)$，終点を $(0, j0)$ とする半径 $\frac{K}{2}$ の第 4 象限の半円を描くことがわかる．

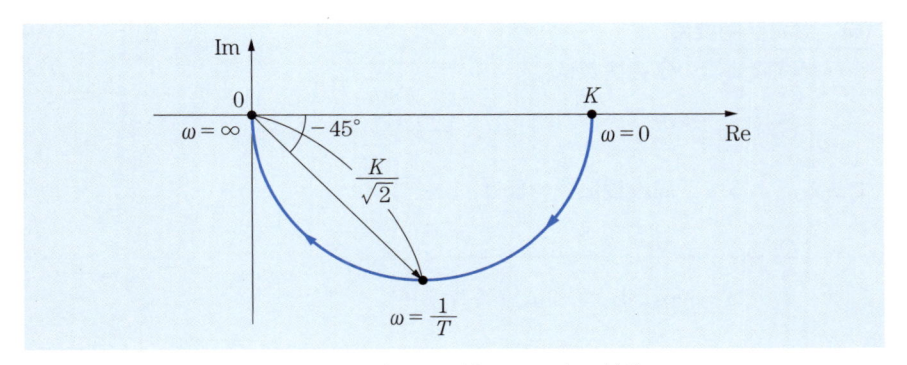

図 11.8　1 次遅れ要素のベクトル軌跡

(5)　2 次遅れ要素

2 次遅れ要素の伝達関数は

$$G(s) = \frac{K\omega_n^2}{s^2 + 2\zeta\omega_n s + \omega_n^2}$$

である．よって，周波数伝達関数は

$$G(j\omega) = \frac{K\omega_n^2}{(j\omega)^2 + 2\zeta\omega_n j\omega + \omega_n^2}$$

となる．これより，$G(0) = K + j0$, $G(\omega_n) = 0 - j\frac{K}{2\zeta}$, $G(\infty) = 0$ となる．複素平面に描くと図 11.9 のようになる．2 次遅れ要素の周波数応答のベクトル軌跡は，減衰係数 ζ と固有角周波数 ω_n により軌跡が変化する．しかし，始点が $K + j0$ で終点が 0 であること，$\omega = \omega_n$ で虚軸と交わりその値は $\left(0, \frac{-jK}{2\zeta}\right)$ であること，および第 4 象限および第 3 象限に留まることは共通である．

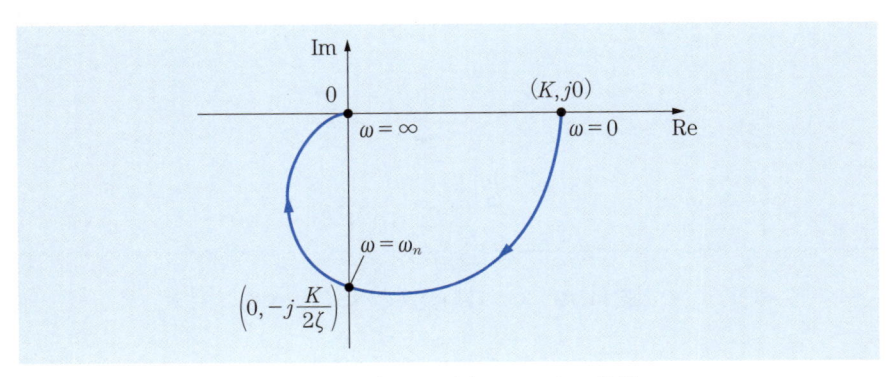

図 11.9　2 次遅れ要素のベクトル軌跡

(6) むだ時間要素

むだ時間要素の伝達関数は

$$G(s) = e^{-sL}$$

である．よって，周波数伝達関数は

$$G(j\omega) = e^{-j\omega L}$$
$$= \cos\omega L - j\sin\omega L$$

となる．これより，

ゲイン：$|G(j\omega)| = 1$
位　相：$\angle G(j\omega) = -\omega L$

となり，複素平面に描くと図 11.10 のようになる．ベクトルの先端は，長さは 1 で一定，ω の増加により時計回りに回転する．そのため，むだ時間要素の周波数応答のベクトル軌跡は，原点を中心とする円を描くことになる．

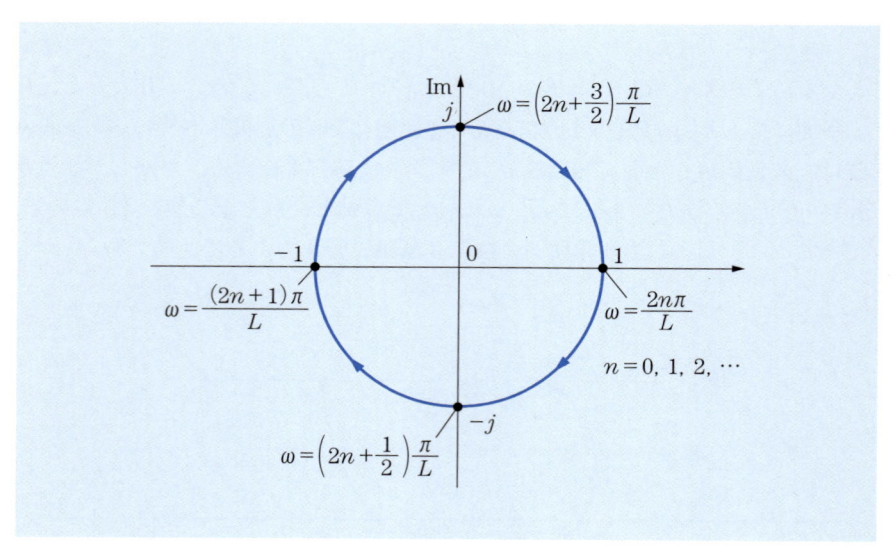

図 11.10 むだ時間要素のベクトル軌跡

11.3 ボード線図

ベクトル軌跡では，ゲインと位相を一体としてベクトルとして複素平面上に描いた．これは，大局的な特徴を捉えるのに便利であるが，数量的には把握しにくい．それに対して，ゲイン特性と位相特性のそれぞれについて，グラフとして描く方法として，**ボード線図**がある．基本要素の周波数応答をボード線図で描くと図 11.11 のようになる．

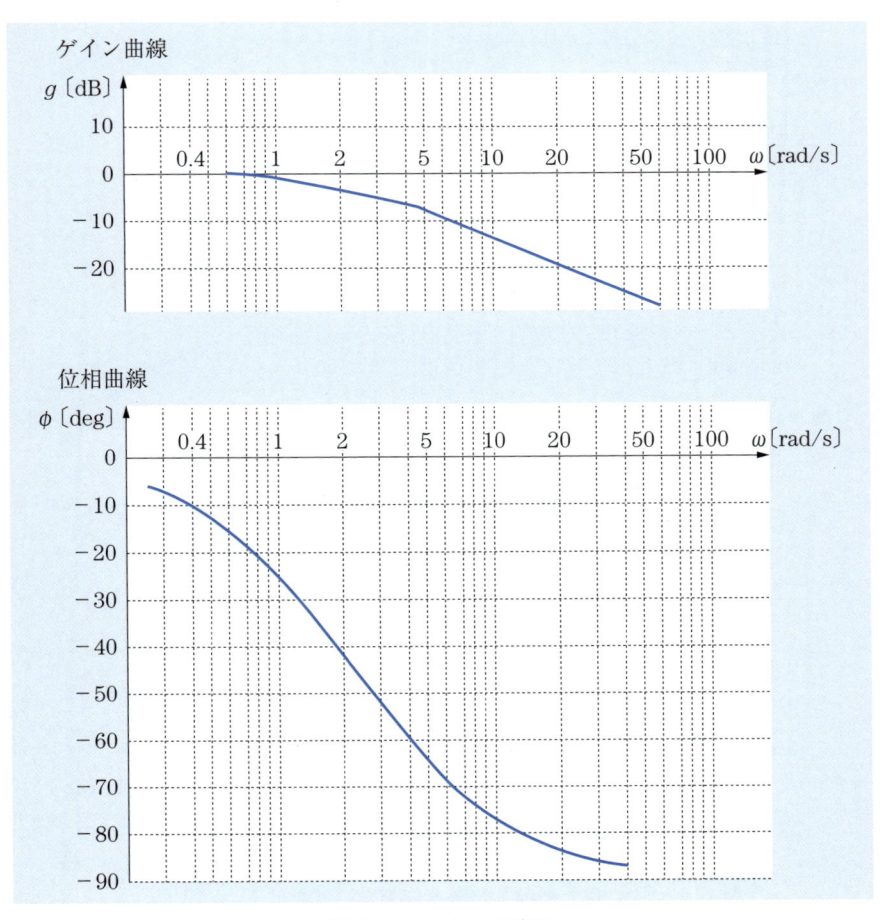

図 11.11　ボード線図

ボード線図は，横軸を対数目盛，縦軸を比例目盛とした片対数方眼紙を用いる．横軸を角周波数 ω〔rad/s〕とし縦軸をゲインとした**ゲイン曲線**，および横軸を角周波数 ω〔rad/s〕とし縦軸を位相とした**位相曲線**により構成される．

ゲインは，単位をデシベル〔dB〕とする．すなわち

$$\text{ゲイン}:g = 20\log_{10}|G(j\omega)|〔\text{dB}〕$$

である．

位相は，単位を度〔deg〕とする．すなわち

$$\text{位 相}:\phi = \angle G(j\omega)〔\text{deg}〕$$

である．

(1) 比例要素

周波数伝達関数は

$$G(j\omega) = K$$

より

$$\text{ゲイン}:20\log_{10}|G(j\omega)| = 20\log_{10}|K|$$
$$\text{位 相}:\angle G(j\omega) = 0$$

であり，ボード線図を描くと図 11.12 のようになる．ゲインは角周波数に関わらず一定で，位相は常に 0 である．

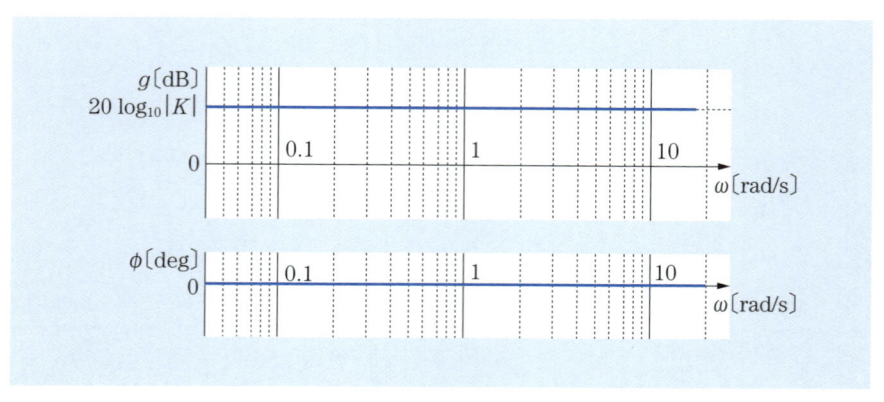

図 11.12 比例要素のボード線図

(2) 微分要素

周波数伝達関数は，$G(j\omega) = j\omega$ であり

$$\text{ゲイン：} 20\log_{10}|G(j\omega)| = 20\log_{10}|j\omega|$$
$$= 20\log_{10}|\omega|$$
$$\text{位 相：} \angle G(j\omega) = \angle j\omega = 90°$$

となる．ボード線図を図 **11.13** に示す．ゲイン曲線は片対数グラフ上で $\omega = 1$ 〔rad/s〕で 0〔dB〕を通る直線となり，その傾きは 20〔dB/dec〕である．位相は 90° で一定である．

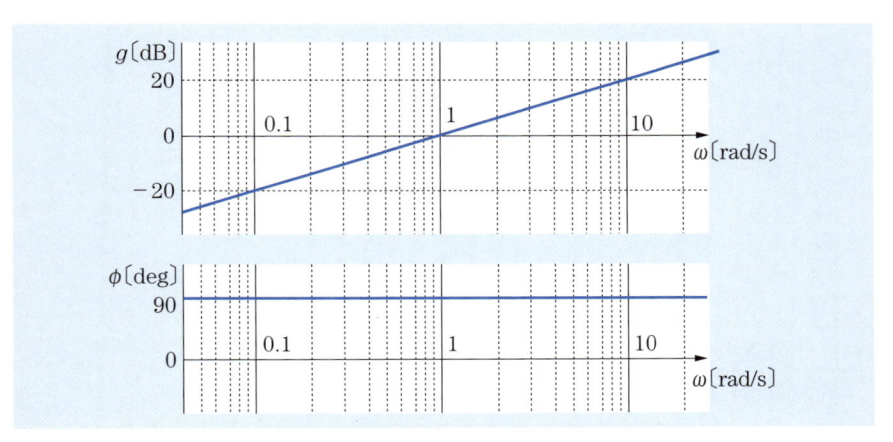

図 11.13 微分要素のボード線図

(3) 積分要素

周波数伝達関数は

$$G(j\omega) = \frac{1}{j\omega} = -\frac{j}{\omega}$$

であり

$$\text{ゲイン：} 20\log_{10}|G(j\omega)| = 20\log_{10}\left|-\frac{j}{\omega}\right| = 20\log_{10}\left|\frac{1}{\omega}\right|$$
$$\text{位 相：} \angle G(j\omega) = \angle\left(-\frac{j}{\omega}\right) = -90°$$

となる．ボード線図を図 **11.14** に示す．ゲイン曲線は片対数グラフ上で $\omega = 1$ 〔rad/s〕で 0〔dB〕を通る直線となり，その傾きは -20〔dB/dec〕である．位相は $-90°$ で一定である．

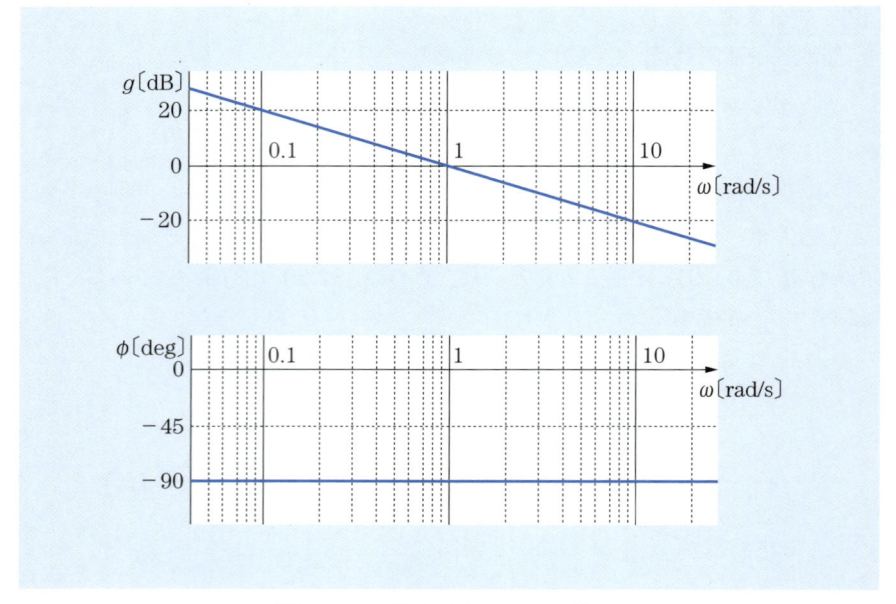

図 11.14　積分要素のボード線図

(4) 1次遅れ要素

周波数伝達関数は

$$G(j\omega) = \frac{K}{1 + j\omega T}$$

であり

ゲイン：$20 \log_{10} |G(j\omega)| = 20 \log_{10} \frac{K}{\sqrt{1 + (\omega T)^2}}$

位　相：$\angle G(j\omega) = -\tan^{-1} \omega T$

となる．$K = 1, T = 1$ としたときのボード線図を図 11.15 (a) に示す．

実用的にはこれを折れ線で近似する．$K = 1$ の場合を図 11.15 (b) に示す．ゲイン曲線は，$\omega \leq \frac{1}{T}$ では 0 〔dB〕で，$\omega > \frac{1}{T}$ は -20 〔dB/dec〕の傾きをもつ直線とする．$\omega = \frac{1}{T}$ を**折れ点角周波数**とよぶ．

位相曲線は $\omega \leq \frac{1}{5T}$ では $0°$，$\omega = \frac{1}{T}$ で $-45°$，$\omega \geq \frac{5}{T}$ では $-90°$ である．$\frac{1}{5T} < \omega < \frac{5}{T}$ では直線で近似する．

11.3 ボード線図

(a) 1次遅れ要素のボード線図

(b) 1次遅れ要素のボード線図の折れ線近似

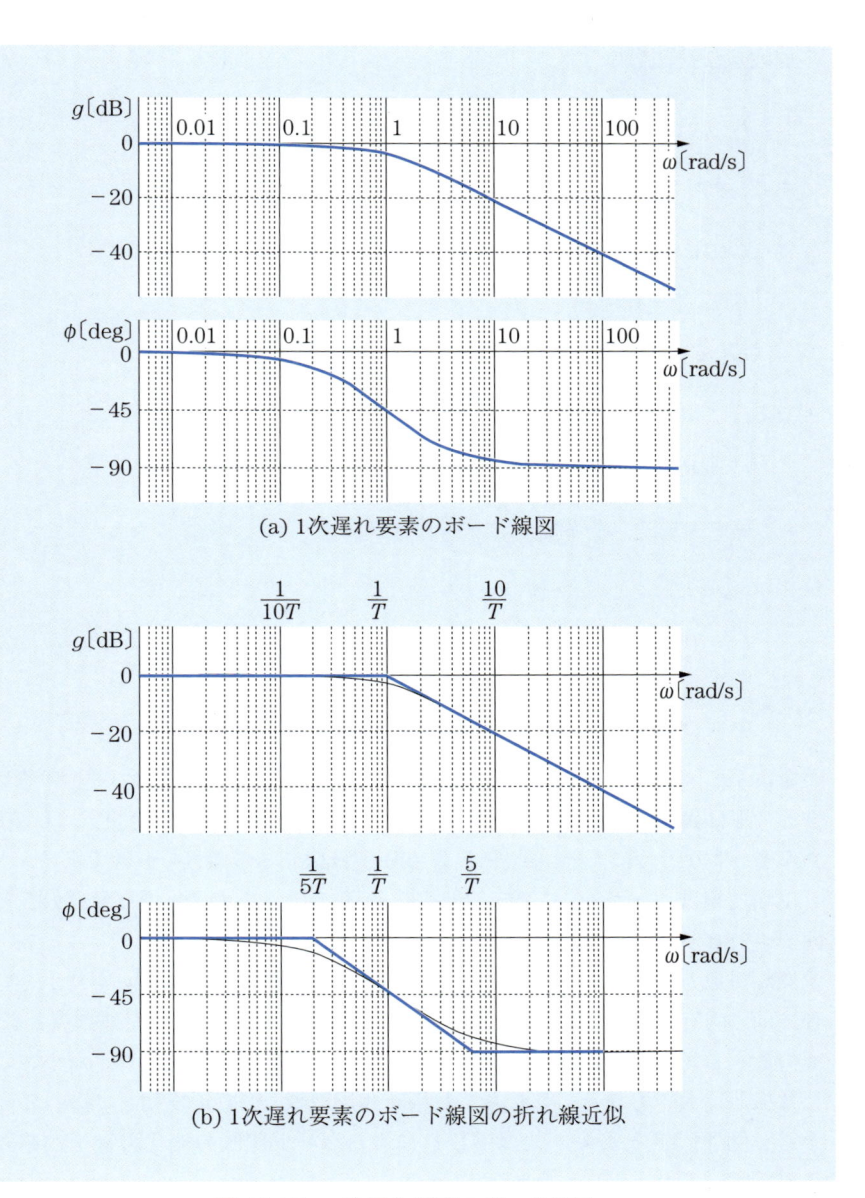

図 11.15 1次遅れ要素のボード線図

(5) 2次遅れ要素

周波数伝達関数は

$$G(j\omega) = \frac{K\omega_n^2}{(j\omega)^2 + 2\zeta\omega_n j\omega + \omega_n^2}$$

であり

$$G(0) = K + j0$$
$$G(\omega_n) = 0 - j\frac{K}{2\zeta}$$
$$G(\infty) = 0$$

となる．これより，ゲインは

$$\omega = 0 \text{ で} \quad 20\log_{10} K \text{ [dB]},$$
$$\omega = \omega_n \text{ で} \quad 20\log_{10} \frac{K}{2\zeta} \text{ [dB]}$$

位相は

$$\omega = 0 \text{ で} \quad 0 \text{ [deg]},$$
$$\omega = \omega_n \text{ で} \quad -90 \text{ [deg]},$$
$$\omega = \infty \text{ で} \quad -180 \text{ [deg]}$$

となる．$K = 1, \omega_n = 1$ としたときのボード線図を図 11.16 に示す．ζ の値によりその形は異なるが，ゲイン曲線は ω が ω_n より十分に小さい範囲では 0 [dB]，ω が ω_n より十分に大きい範囲では -40 [dB/dec] の傾きの直線である．

位相曲線は，ω が ω_n より十分小さい範囲で $0°$，ω が ω_n より十分大きい範囲で $-180°$ となる．$\omega = \omega_n$ で $-90°$ である．

減衰係数 ζ の値による特徴としては，ゲイン曲線では ζ が $\frac{1}{\sqrt{2}}$ より小さい場合には，固有角周波数 ω_n が付近においてピークをもつ．これを**共振点**とよび，そのときの角周波数が**共振周波数**，ピークの値が**共振値**である．ζ が小さいほど共振値は大きくなる．これらを，固有角周波数 ω_n で正規化して重ねて記述すると図 11.17 となり，減衰係数 ζ によるボード線図の変化の様子が確認できる．

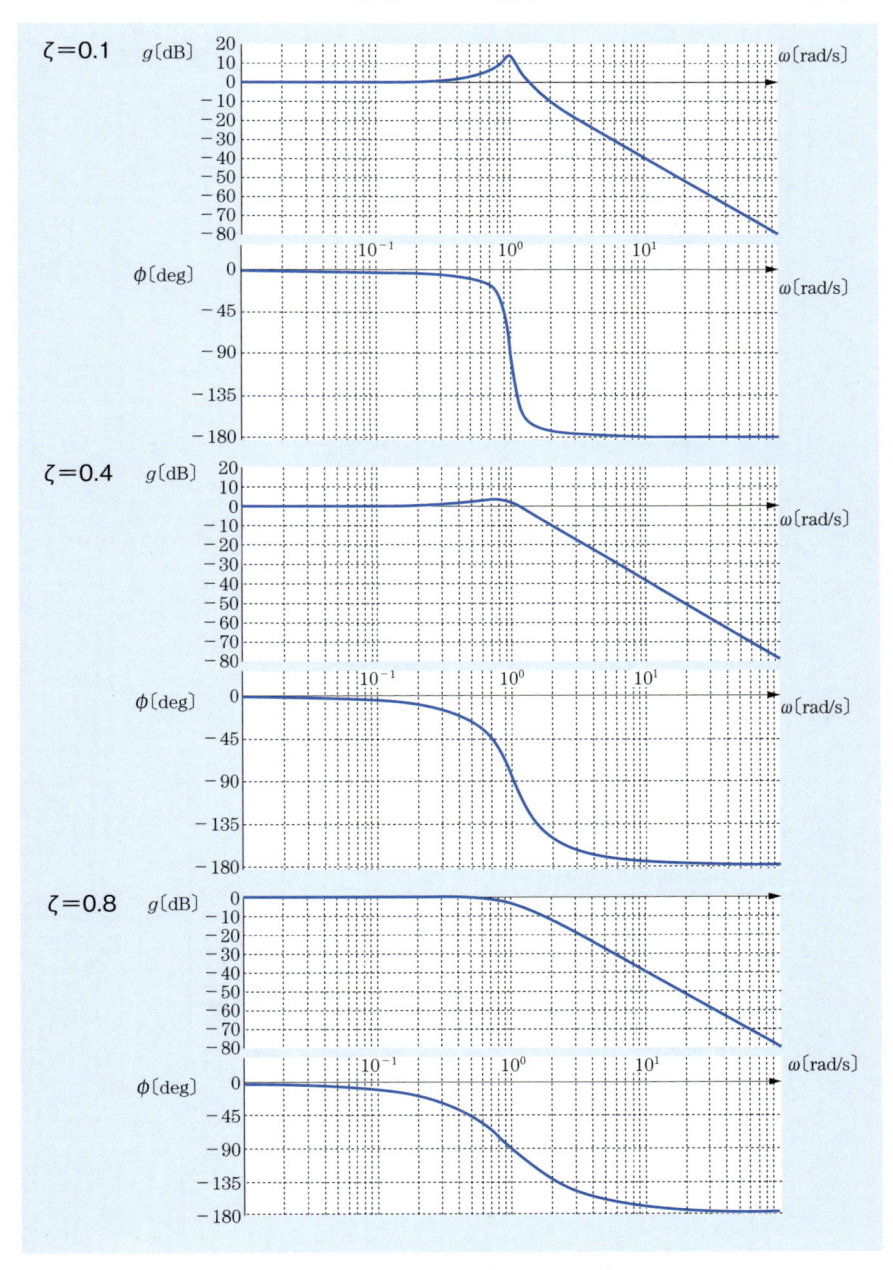

図 11.16　2 次遅れ要素のボード線図

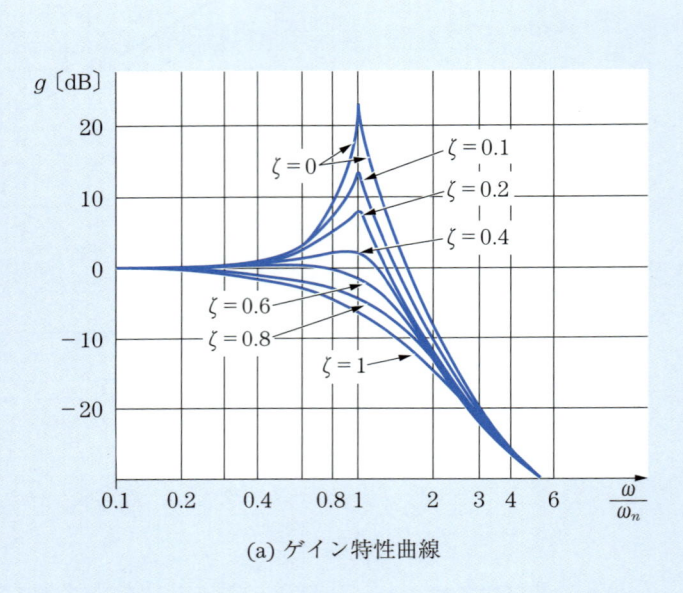

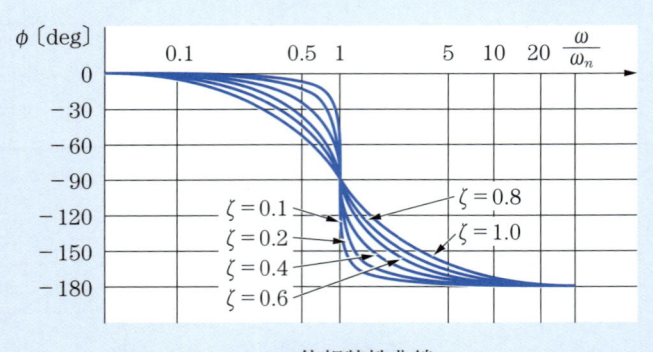

(a) ゲイン特性曲線

(b) 位相特性曲線

図 11.17 2 次遅れ要素ボード線図

(6) むだ時間要素

周波数伝達関数は

$$G(j\omega) = e^{-j\omega L}$$
$$= \cos\omega L - j\sin\omega L$$

であり

ゲイン：$20\log_{10}|G(j\omega)| = 20\log_{10}1$
$= 0 \,\text{[dB]}$

位　相：$\angle G(j\omega) = -\omega L$

$L = 1$ としたときのボード線図を図 **11.18** に示す．ゲインは 0 [dB] で一定である．

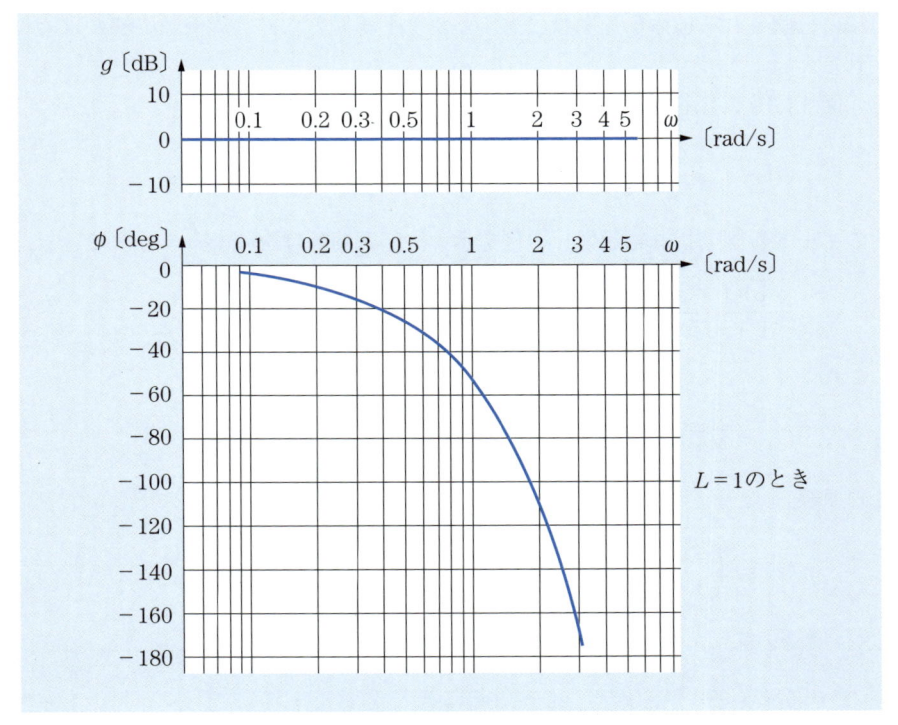

図 11.18　むだ時間要素のボード線図

11.4 一般の伝達関数の取り扱い

ここまでは，基本要素の周波数応答について見てきた．しかしながら，我々が扱う要素は，基本要素ばかりとは限らない．複雑な伝達関数については，どのように扱えばよいのだろうか？

一般に，伝達関数は s に関する有理式である．このことから，伝達関数の分母・分子を因数分解し，基本要素の伝達関数の積の形で表すことができる．ボード線図の場合，ゲインは周波数伝達関数の log をとっているため，伝達関数が積の形であれば，それぞれのゲインの和をとれば積の関数に対するゲインが求められる．

また，位相についても同様である．よって，伝達関数を積に分解し，それぞれのゲインおよび位相のボード線図を描き，ボード線図上で足し合わせれば，積に分解される前の伝達関数に対するボード線図となり，周波数応答が求められる．

図 11.19 に伝達関数

$$G(s) = \frac{\sqrt{10}(1+s)}{1+s/5}$$

のボード線図（折れ線近似）の例を示す．伝達関数は次のように分解できる．

$$\frac{\sqrt{10}(1+s)}{1+s/5} = \sqrt{10} \cdot \left(\frac{1}{1+s}\right)^{-1} \cdot \frac{1}{1+s/5} = G_1 G_2 G_3$$

これより

$$G_1 = \sqrt{10}$$

の曲線①と

$$G_2 = \left(\frac{1}{1+s}\right)^{-1}$$

の曲線②と

$$G_3 = \frac{1}{1+s/5}$$

の曲線③を足し合わせて，曲線④を得る．

11.4 一般の伝達関数の取り扱い

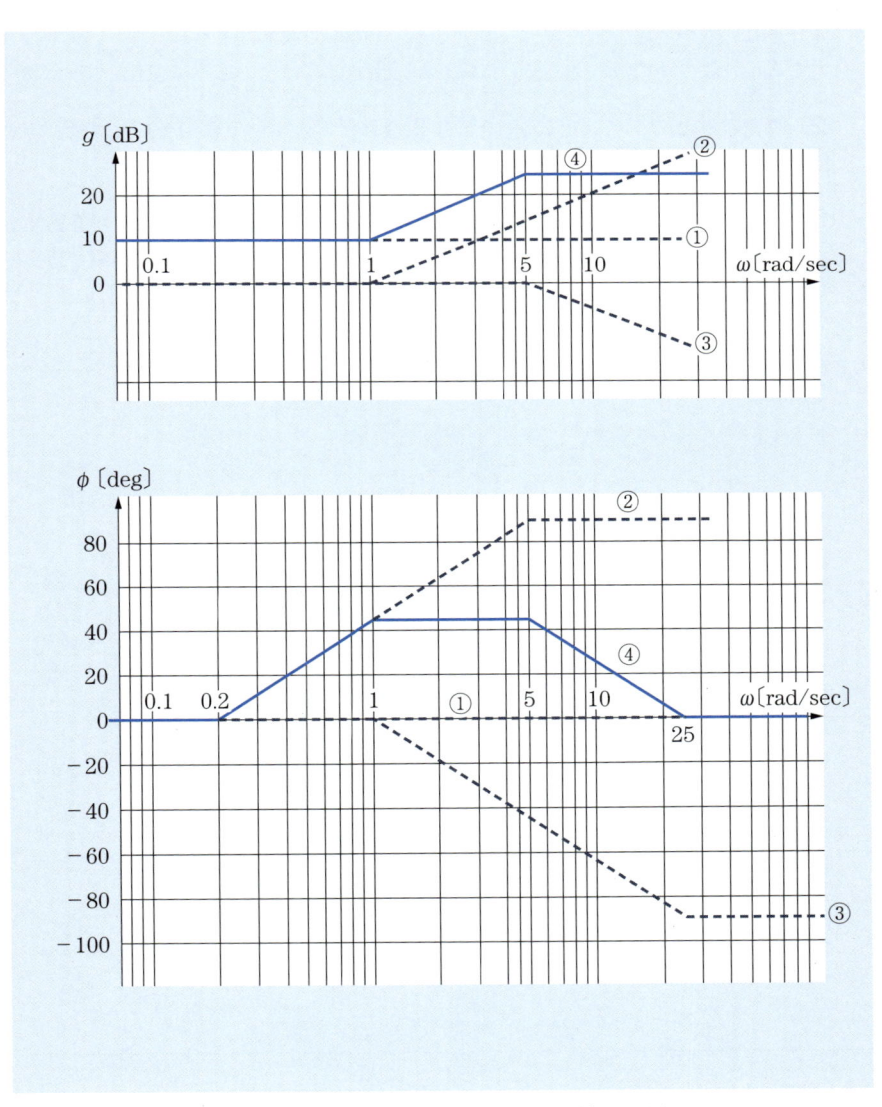

図 11.19 一般の伝達関数のボード線図の例

11章の問題

□**1** 遅れをもつ要素に正弦波を入力すると，その出力波形はどうなるか？ また，入力する正弦波の角周波数を高くしていくと，出力波形はどのように変化していくか？

□**2** 時定数が 2 でゲイン定数が 10 の 1 次遅れ要素のボード線図を描け．折れ線近似でよい．

□**3** ブロック線図において，伝達関数 G_1 の要素と伝達関数 G_2 の要素が直列結合された系がある．G_1 および G_2 に関して，それぞれゲイン曲線，位相曲線が得られているとき，この系全体のボード線図はどのように描けばよいか？

第12章

フィードバック制御系の安定性

　フィードバック制御系においては，系の要素に遅れがあると遅れの度合いや増幅度によっては不安定な現象が発生することを 2 章で述べた．
　本章では，フィードバック制御系が安定なのか不安定なのかの判別，および安定の度合いについて学ぶ．

12.1 制御量の目標値への収束と負帰還

フィードバック制御において制御量を目標値に一致させる原理は，図 12.1 に示すように，制御量を検出しフィードバックして目標値と比較して偏差を求め，それに応じて制御対象に操作を加えることである．ここで，偏差は目標値からフィードバック量を差し引いたものであり，ブロック線図における加算点では，フィードバック量は負符号 − が付されている．このようなフィードバックを**負帰還**とよぶ．

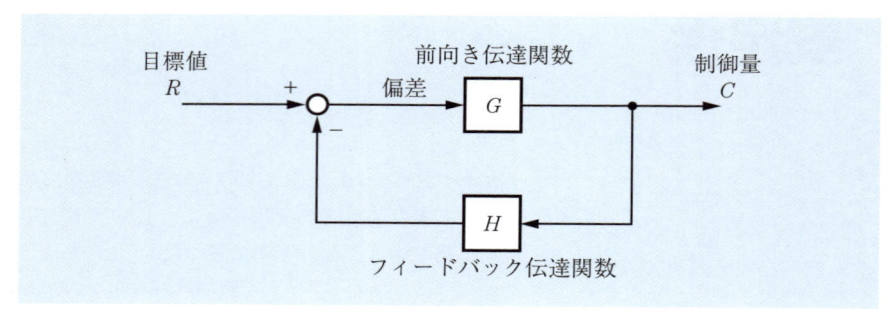

図 12.1 フィードバック制御系

この系は次のように動作する．制御量が目標値よりも大きければ偏差は負となり，制御対象に負の操作量が加えられ制御量は減少する方向に動く．逆に，制御量が目標値よりも小さければ偏差は正となり，制御対象に正の操作量が加えられ制御量は増加する方向に動く．このようにして，制御量が目標値とずれているとそれを打ち消すように目標値に向かって動き，目標値と一致すると偏差が 0 になり操作が終わりそこに留まろうとする．すなわち，負帰還により制御量は目標値に向かって動いて収束する．

もし，加算点でのフィードバック量の符号が負ではなく正になるとどうなるであろうか．このようなフィードバックを**正帰還**とよぶ．負帰還の場合と逆に，制御量が目標値よりも大きければさらに大きくなるように動き，制御量が目標値よりも小さければさらに小さくなるように動くことになり，目標値には収束しない．

フィードバック制御系において，制御量が目標値に収束するのは負帰還であることが重要である（図 12.2）．

12.1 制御量の目標値への収束と負帰還

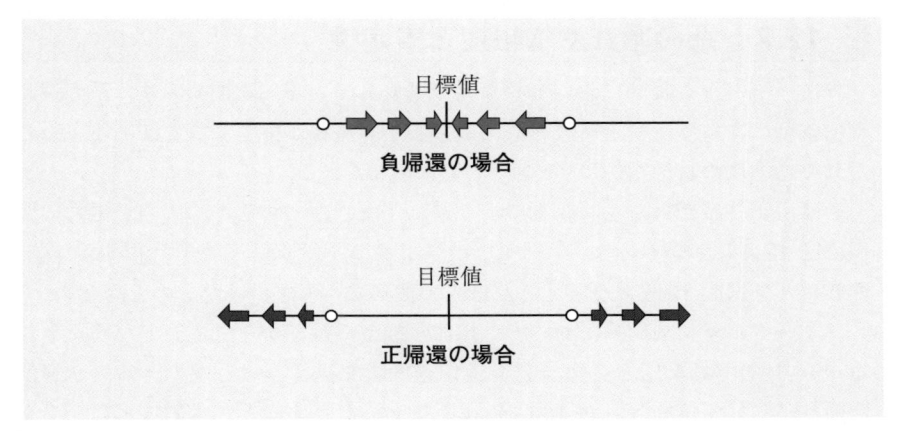

図 12.2 負帰還と正帰還の挙動の違い

なお，負帰還であっても系の遅れと増幅度によっては，図 12.3 に示すような振動が起こる場合がある．2.4 節を思い出したい．詳しくは次節で説明する．

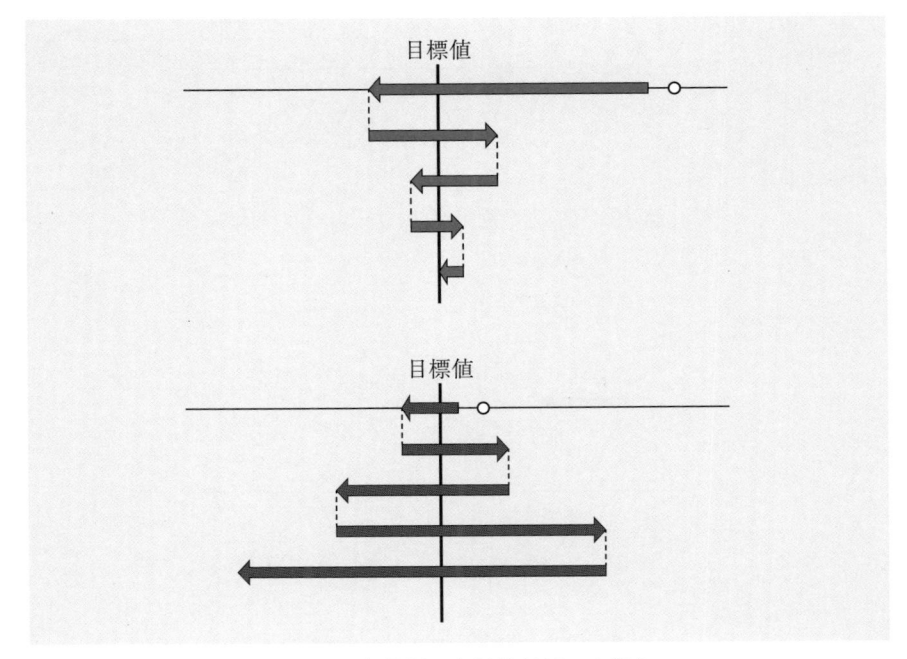

図 12.3 負帰還でも振動が起こる場合

12.2 系の遅れや増幅度と安定性

フィードバック制御において負帰還で構成しているにも関わらず，系の遅れや増幅度によっては安定に目標値に収束しない現象が生じることがある．系の遅れや増幅度の特性把握は 11 章ですでに学んだ．

いま，正弦波が入力され要素により遅れが生じたとすると，入力と出力の関係は図 12.4 に示されるようになる．だんだん遅れが大きくなり，位相が 180° 遅れたときは図 12.5 となり，これは入力波形に -1 を掛けたものと等しい．

フィードバック制御系において，操作が加えられてからフィードバックされる一巡の関係は図 12.6 のように一巡伝達関数で捉えることができる．一巡伝達関数において位相遅れが 180° の状態であったとすると，入力波形に -1 を

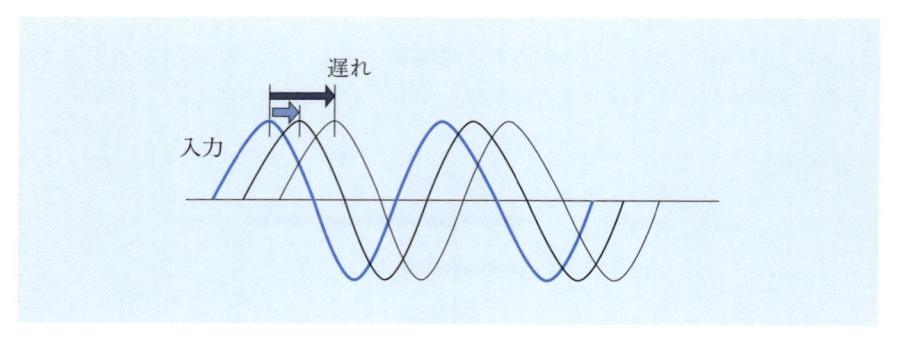

図 12.4　入力と位相が遅れた出力との関係

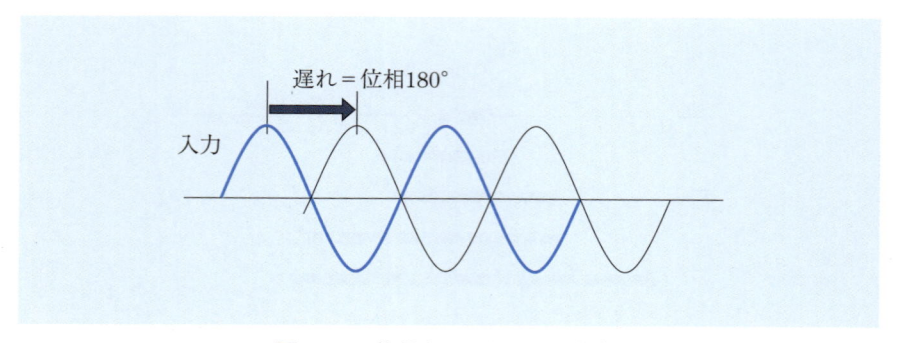

図 12.5　位相が 180° 遅れたとき

12.2 系の遅れや増幅度と安定性

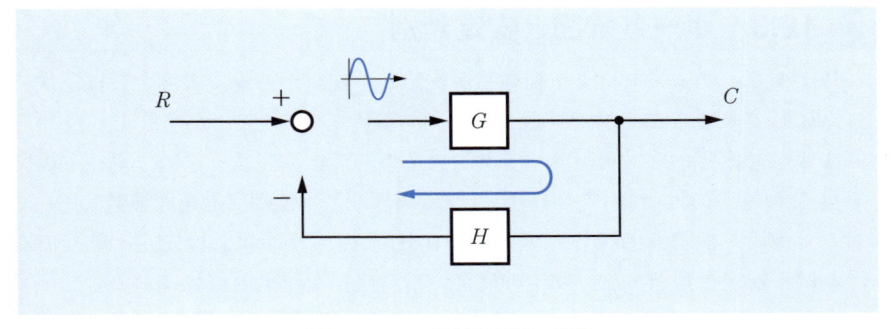

図 12.6 一巡伝達関数 GH

掛けたものと等しくなるため，フィードバックの加算点の − と合わせて考えると，マイナス × マイナスでプラスとなり，正帰還をかけた状態と等価な関係となる．これが不安定になる要因の 1 つであるが，増幅度によって結果は異なる．なぜなら，一巡伝達関数の増幅度が A であったとすると，1 回ループを回ると入力波形の振幅の A 倍となり，n 回ループを回ると A^n 倍となる．よって，A が 1 より小さければ A^n は 0 に収束し消えてしまう．しかし，A が 1 であればそのまま持続し，さらに A が 1 より大きければ振幅が増大する．

これより，一巡伝達関数において，位相が 180° 遅れる状況において増幅度が 1 よりも小さければ安定で，そうでなければ不安定となることがわかる．また，安定なとき，増幅度が 1 より小さければ小さいほど速く収束する．

12.3 ボード線図と安定判別

以上より，フィードバック制御系が安定か不安定かや安定の度合いは，次のようにして求めることができる．

まず，対象とするフィードバック制御系の一巡伝達関数を求め，ボード線図を描く．位相曲線において $-180°$ となる角周波数（**位相交差角周波数** ω_{cp}）に対してゲイン曲線を参照し，ゲインが 0 dB よりも小さければ安定，そうでなければ不安定と判別する．安定の度合いは，位相交差角周波数において，ゲインが 0 dB よりどれだけ小さいかを**ゲイン余裕** g_m とする．図 12.7 に示す．

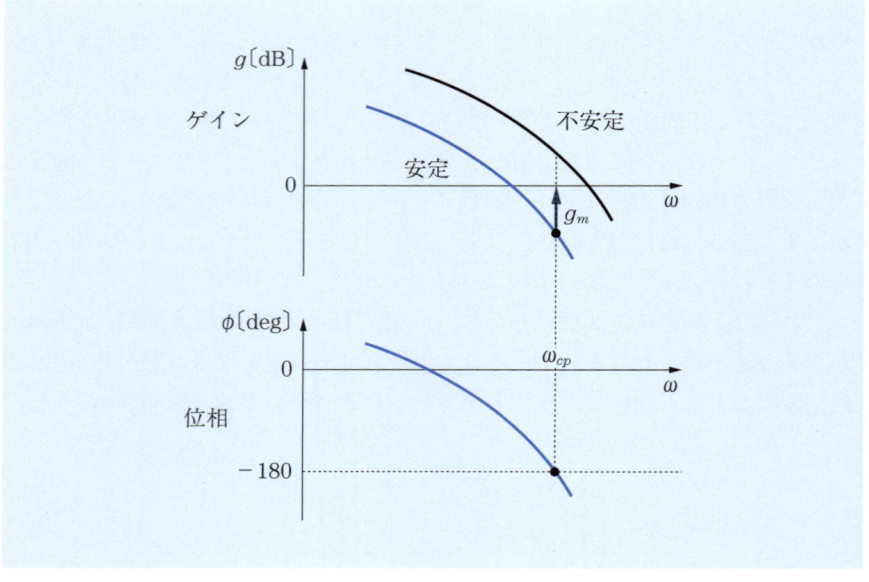

図 12.7 ボード線図を用いた安定判別ゲイン余裕

あるいは，ゲイン曲線において 0 dB となる角周波数（**ゲイン交差角周波数** ω_{cg}）に対して位相遅れが 180° よりも少なければ安定，そうでなければ不安定と判別する．安定の度合いは，ゲイン交差角周波数において，位相遅れが 180° よりもどれだけ少ないかを**位相余裕** ϕ_m とする．図 12.8 に示す．

なお，安定判別は一巡伝達関数のベクトル軌跡を用いても同様なことができる．ベクトル軌跡では，位相 180° の遅れは実軸の負側であり，ゲイン 0 dB は

12.3 ボード線図と安定判別

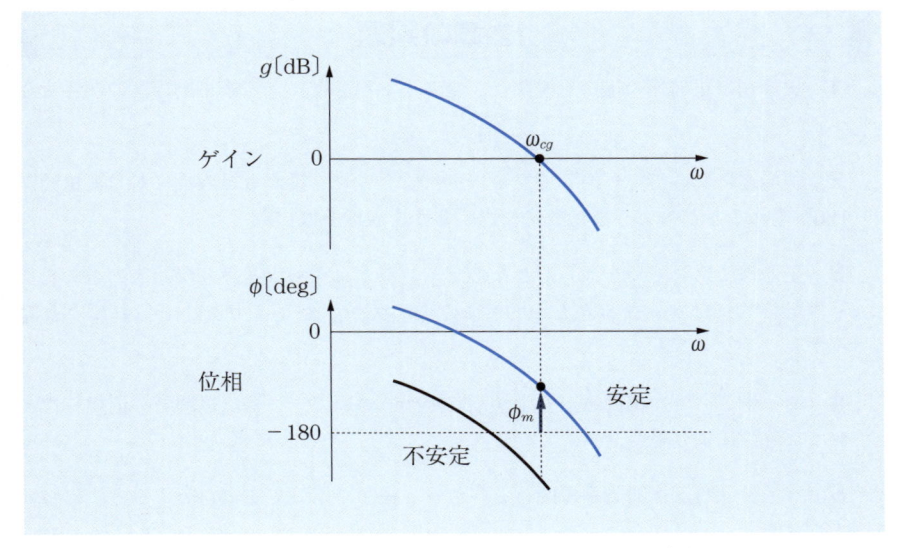

図 12.8 ボード線図を用いた安定判別と位相余裕

原点からの距離が1である．安定と不安定の境界に対応する「位相が180°遅れてゲインが0 dB」となる座標は $-1+j0$ である．よって，ベクトル軌跡がこの点より右側を通過すればゲインが0 dBより小さいので安定，ベクトル軌跡がこの点の左側を通過すればゲインが0 dBより大きいので不安定と判別できる．この関係を図12.9に示す．

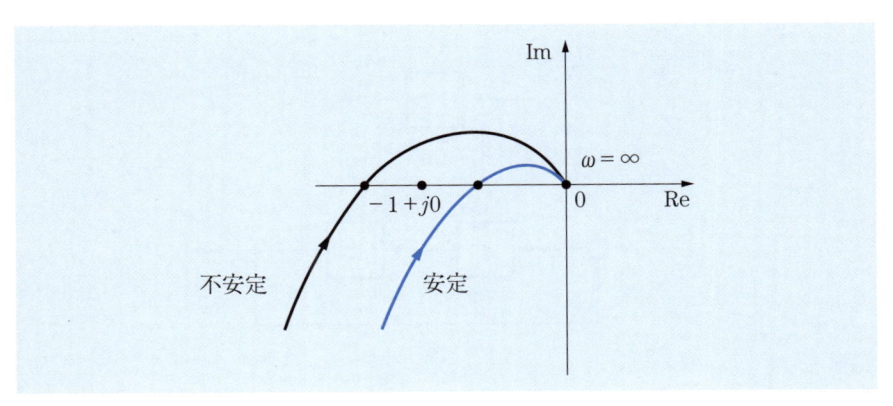

図 12.9 ベクトル軌跡による安定判別

12章の問題

☐ **1** 負帰還と正帰還の違いを説明し,フィードバックによる修正動作との関係を述べよ.

☐ **2** 負帰還において,一巡してフィードバックされた量がもとの量に対して位相が180°遅れるとどのような状態に相当するかを説明せよ.

☐ **3** 正帰還において,一巡したときのゲインが1よりも大きければ,入力された信号は最終的にはどうなるかを説明せよ.逆にゲインが1よりも小さければどうなるか?

☐ **4** フィードバック制御系が安定か不安定かについて,一巡伝達関数の位相特性とゲイン特性により説明せよ.

☐ **5** フィードバック制御系に関して,ボード線図を用いて安定判別する方法について述べよ.

☐ **6** 位相余裕,ゲイン余裕とは何か? また,それらはボード線図上ではどのように求められるか?

☐ **7** 図1(a)に示す伝達関数 $G(s)$ の周波数応答特性をボード線図で表すと,図2のようになった.この $G(s)$ を用いて図1(b)に示すようなフィードバック制御系を構成したとき,系が安定で位相余裕が30°程度となるようにするためには,K の値はいくらにすればよいか.

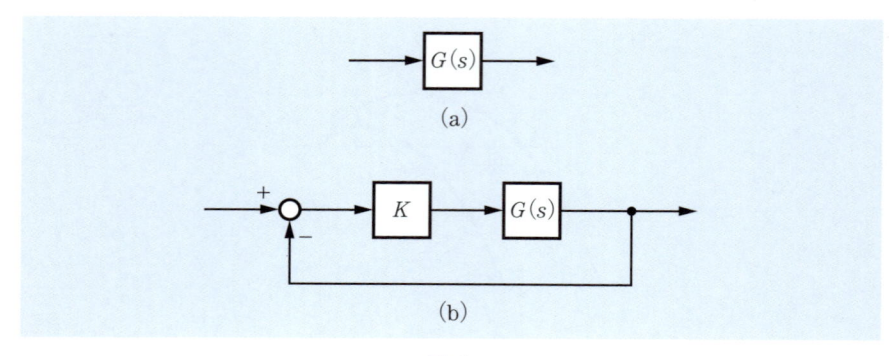

図1

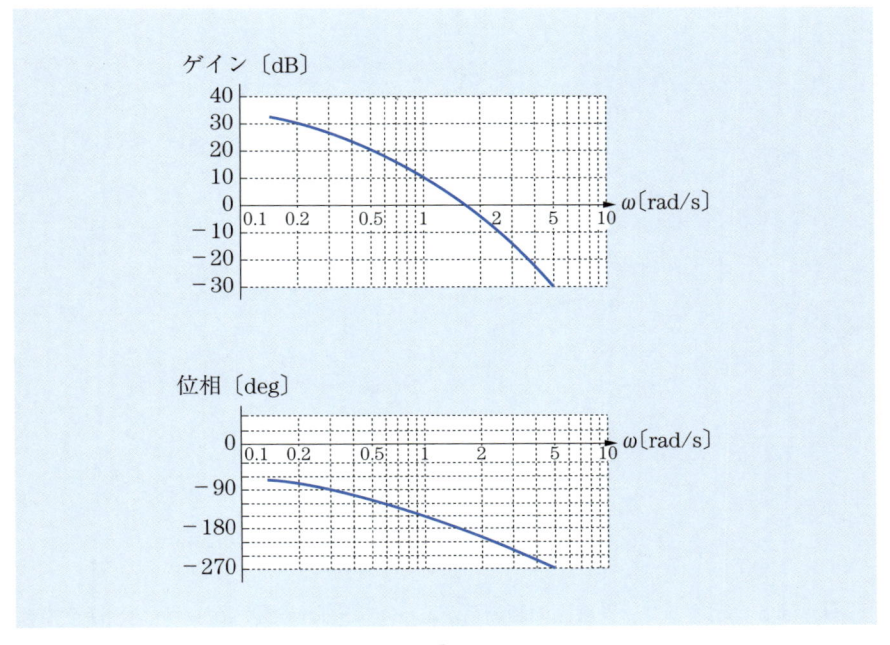

図2

8 図3のような制御系の一巡伝達関数のボード線図は，図4のようであった．この系について，安定か不安定か？　その理由も説明せよ．

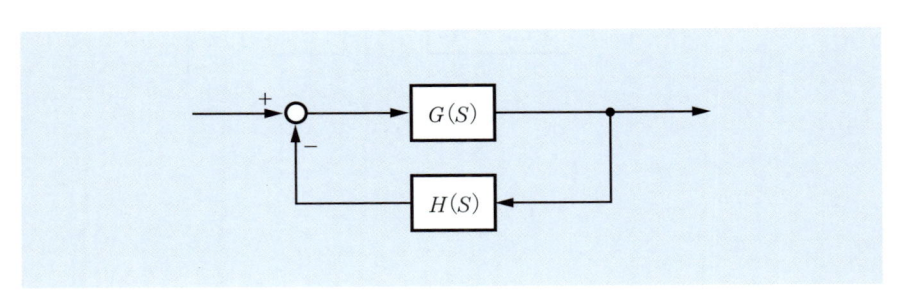

図3

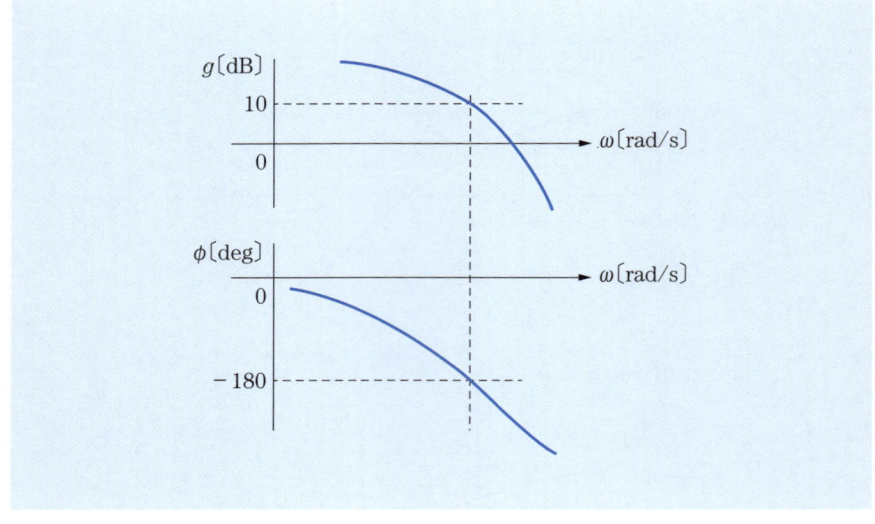

図 4

□**9** 図 5 に示すブロック線図の制御系があった．一巡伝達関数のボード線図を描き，安定か不安定かを判別せよ．ボード線図は折れ線近似でよい．

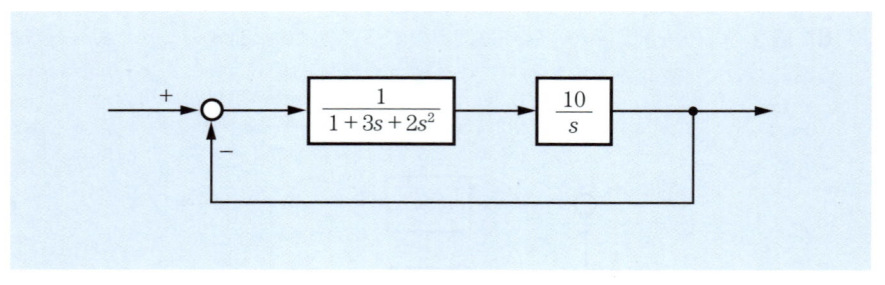

図 5

第13章
フィードバック制御系の特性補償

　12章で，フィードバック制御系は条件により安定な場合もあれば，不安定な場合もあることを学んだ．制御系が不安定であると，制御の目的を達成することができずシステムを使うことができない．また，安定であっても応答が振動的で定常状態に収束するまでに時間がかかる場合も困る．かといって，安定で振動性もなければよいかというと，最終値に到達するまでに長時間かかるとこれもまた困る．

　そこで本章では，フィードバック制御系が望ましい特性をもつように改善する方法について学ぶ．

13.1 安定性の改善

フィードバック制御系を構成すると，12章の安定判別からもわかるとおり，安定な場合もあれば不安定の場合もある．図 13.1 のような不安定の系では，制御の目的を達成することができないので，図 13.2 のように安定な系にしなくてはならない．また，安定であっても，静定するまでの振動状態が大きすぎては困る．そこで，図 13.3 のようにフィードバック制御系が望ましい安定性をもつように改善をする．

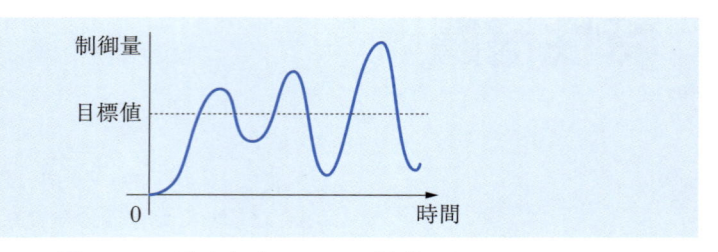

図 13.1 不安定な系のステップ応答の例

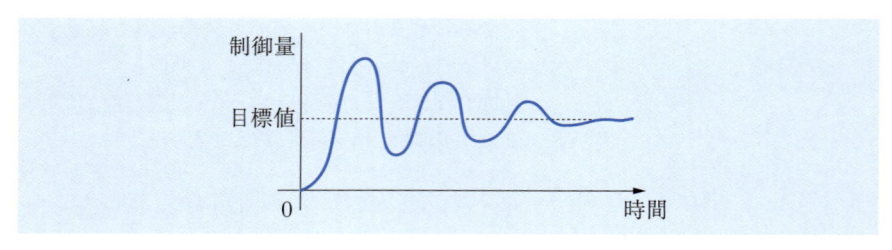

図 13.2 安定ではあるが振動の大きな系のステップ応答の例

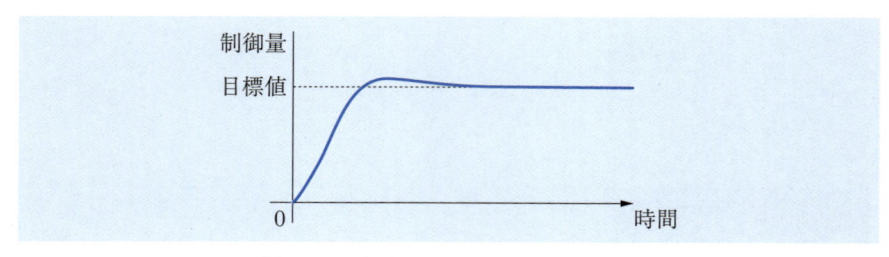

図 13.3 望ましいステップ応答の例

13.2 安定性改善の方針

フィードバック制御系が安定であるか不安定であるかは，前章での解析のとおり，一巡伝達関数の周波数特性において，位相が 180° 遅れる角周波数においてゲインが 0 dB より小さいか大きいか，あるいはゲインが 0 dB となる角周波数において位相の遅れが 180° より少ないか否かであった．そして，その安定性の評価としては，ゲイン余裕と位相余裕で表される．余裕が大きいほど，安定性はよくなるが，大きすぎると応答が遅くなるなど良くない．制御の目的によっても異なるが，その目安を表 13.1 に示す．

表 13.1

	サーボ機構自動調整系	プロセス制御
ゲイン余裕	12〜20 dB	3〜9 dB
位相余裕	40〜65°	20〜50°

安定性の改善は，系のゲイン余裕や位相余裕を望ましい値にすることで達成できる．ボード線図を用いて表現すると図 13.4 となる．

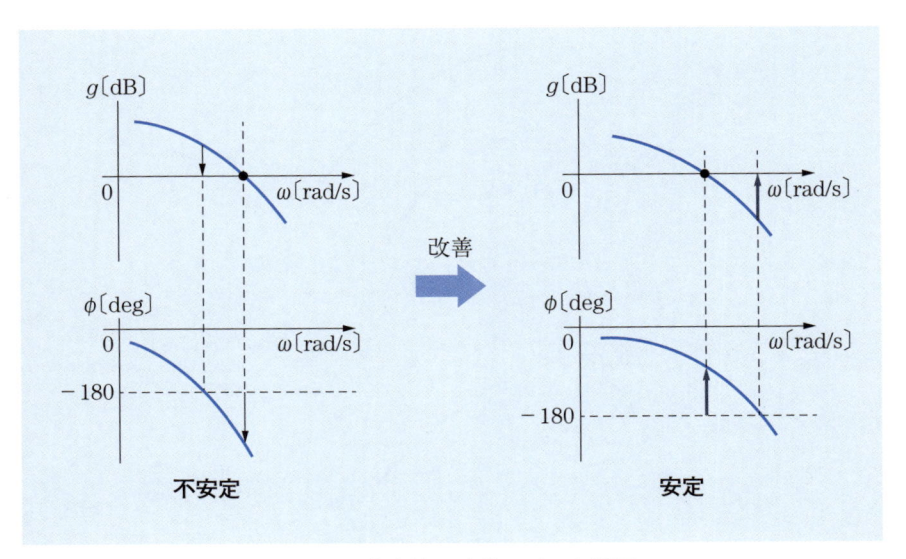

図 13.4 安定性の改善のボード線図

13.3　ゲイン補償法

　安定となるためには，位相が 180° 遅れる角周波数においてゲインが 0 dB より小さいことが求められる．よって，位相交差角周波数においてゲインが 0 dB より大きくて不安定である系に対して，位相交差角周波数においてゲインを 0 dB より小さくなるようにすれば安定とすることができる．その際，適度な安定度を確保するためには，ゲイン余裕を満たすまで小さくすればよい．

　このような安定性の改善でまず考えられる実現方法は，図 13.5 に示すようにボード線図においてゲイン曲線を平行移動して下げることである．下げる量は，位相交差角周波数におけるゲインにゲイン余裕を加えたものとする．これは，ゲイン曲線の平行移動量を $-g_a$〔dB〕とすると，伝達関数としては $10^{-g_a/20}$ という値の比例要素が直列に挿入されたことに相当する．ブロック線図で示すと図 13.6 となる．すなわち $10^{-g_a/20}$ という 1 より小さい比例要素（**減衰器**）によりゲインを下げる方法であり，**ゲイン補償法**とよぶ．

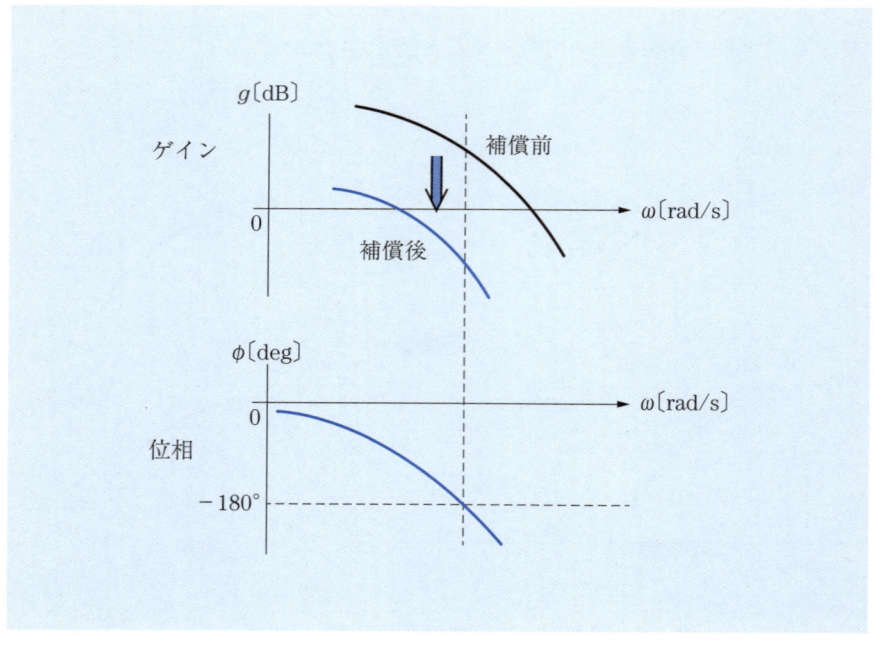

図 13.5　ゲイン補償の原理

13.3 ゲイン補償法

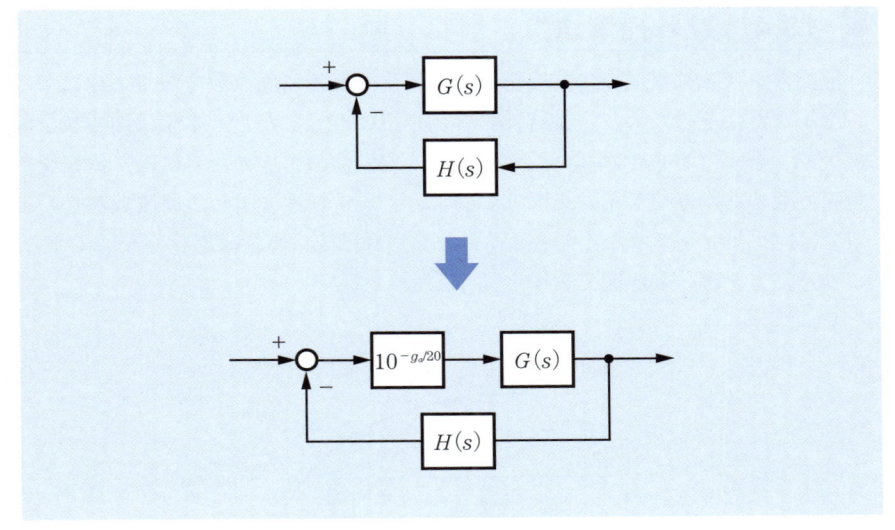

図 13.6 ゲイン補償のブロック線図

ゲイン補償によりゲインを下げると，簡単に安定度を満足することができる．しかし，定常特性はゲインが大きいほど偏差が小さいため，ゲインの低下は定常特性の悪化につながる．安定度と定常特性の両方を満足できない場合もあり，その場合は，以後に示す方法を用いることになる．

13.4 遅れ補償法

前節のゲイン補償法では，安定度を確保するために周波数全域で一様にゲインを下げた．そのため，定常特性の悪化を招いた．しかし，本来は周波数全域でゲインを下げる必要はない．すなわち，安定性の確保のためには，位相交差角周波数のあたりでゲインを下げればよい．定常特性に関わる周波数が 0 の近辺では，ゲインを下げなくてもよく，そうすれば定常特性は悪化しないですむ．この考え方をボード線図で表すと図 13.7 となる．

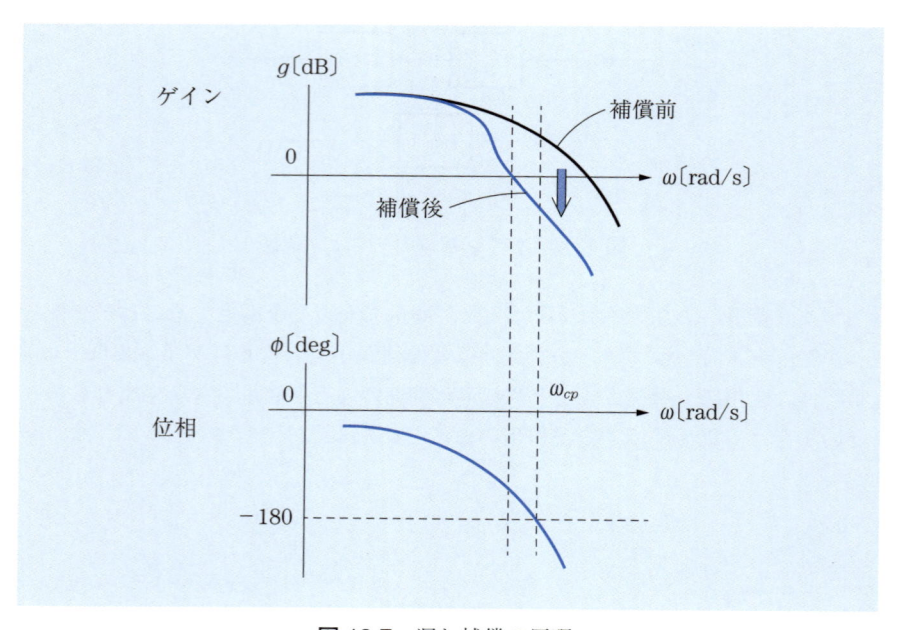

図 13.7 遅れ補償の原理

これは，もとの系に図 13.8 のボード線図で示される特性をもつ要素 $G_c(s)$ を，図 13.9 に示すブロック線図のように挿入することに相当する．図 13.8 の特性は理想であり，現実には

$$G_c(s) = \frac{1 + sT_2}{1 + sT_1} \quad (T_1 > T_2)$$

なる伝達関数を用いる．この要素のボード線図は図 13.10 となる．

13.4 遅れ補償法

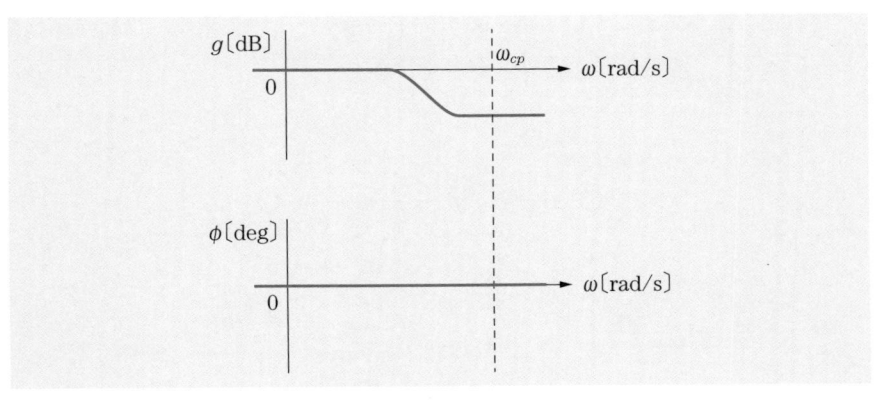

図 13.8 理想的な遅れ補償要素のボード線図

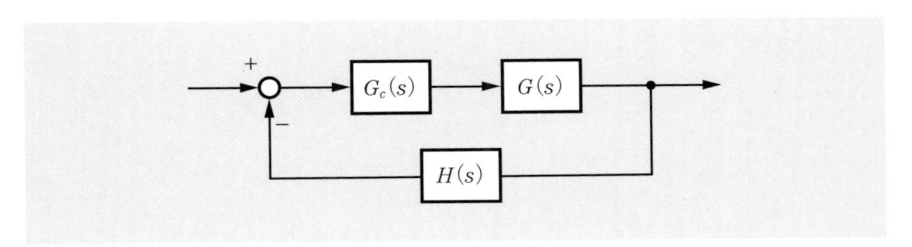

図 13.9 遅れ補償のブロック線図

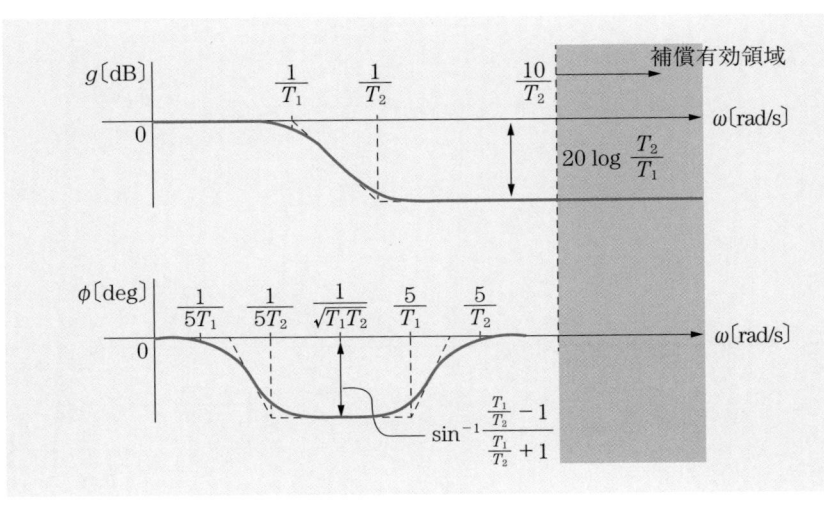

図 13.10 現実の遅れ補償要素のボード線図

遅れ補償の具体的な実現回路を図 13.11 に示す．この要素は，位相の遅れを含んでいることから，この方法を**遅れ補償法**とよぶ．

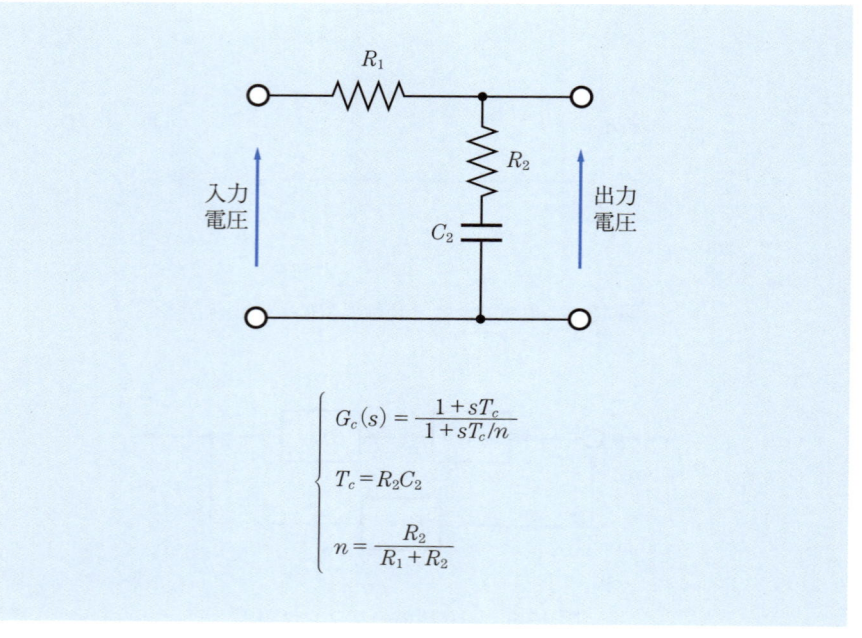

$$\begin{cases} G_c(s) = \dfrac{1+sT_c}{1+sT_c/n} \\ T_c = R_2 C_2 \\ n = \dfrac{R_2}{R_1+R_2} \end{cases}$$

図 13.11　遅れ補償要素

13.5 進み補償法

前述のゲイン補償や遅れ補償は，周波数全域あるいはある周波数以上の領域でゲインを下げることで安定化を行った．しかし，ゲインを下げると立ち上りなどの過渡特性が悪くなる可能性もあり，ゲインを下げたくない場合もある．ゲイン特性を変化させずに安定化を行うには，ゲイン交差角周波数の近辺で位相曲線を上げる（位相を進める）ことで可能である．この考え方をボード線図で表すと図 13.12 となる．

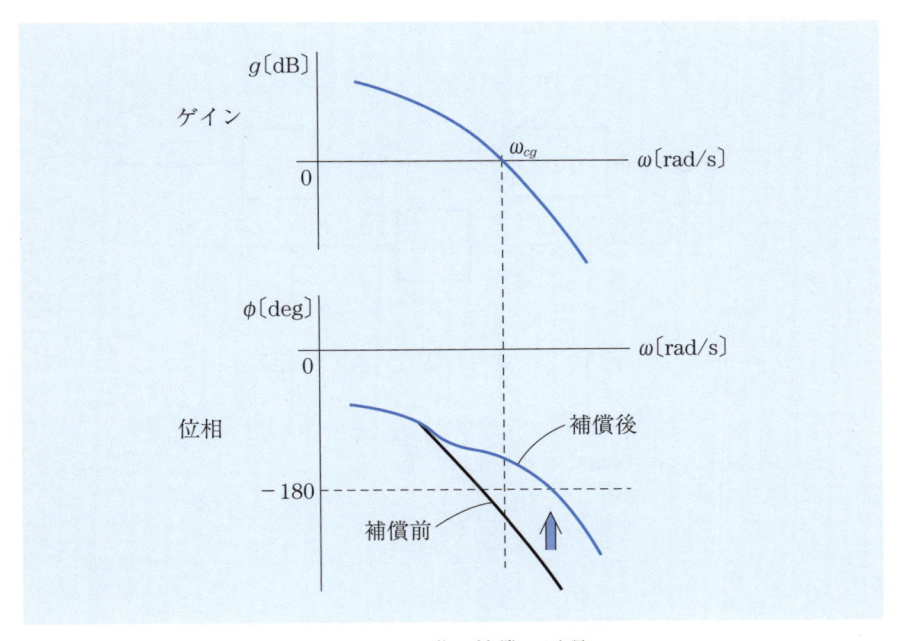

図 13.12 進み補償の原理

これは，もとの系に図 13.13 のボード線図で示される特性をもつ要素 $G_c(s)$ を，図 13.14 に示すブロック線図のように挿入することに相当する．図 13.12 の特性は理想であり，現実には

$$G_c(s) = \frac{1 + sT_2}{1 + sT_1} \quad (T_1 < T_2)$$

なる伝達関数を用いる．この要素のボード線図は図 13.15 となる．

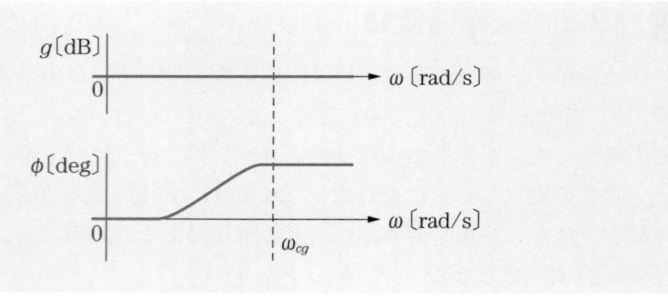

図 13.13 理想的な進み補償要素のボード線図

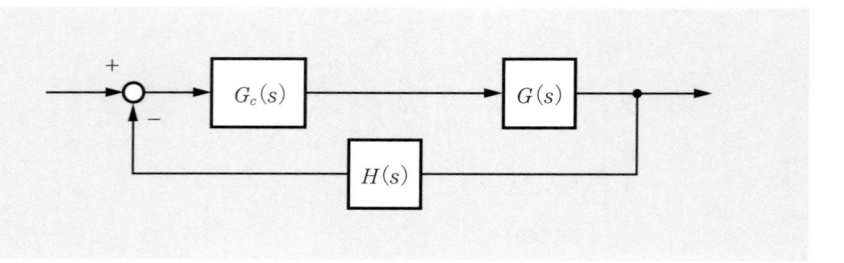

図 13.14 進み補償のブロック線図

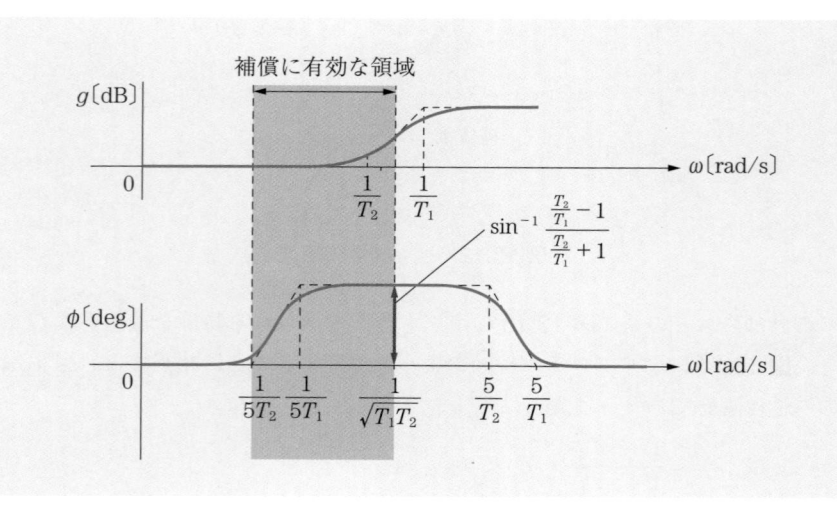

図 13.15 現実の進み補償要素のボード線図

13.5 進み補償法

進み補償の具体的な実現回路を図 13.16 に示す．この要素は位相の進みを含んでいることから，この補償法を**進み補償法**とよぶ．

$$\begin{cases} G_c(s) = \dfrac{1 + sT_c}{1 + sT_c/n} \\ T_c = R_1 C_1 \\ n = \dfrac{R_1 + R_2}{R_2} \end{cases}$$

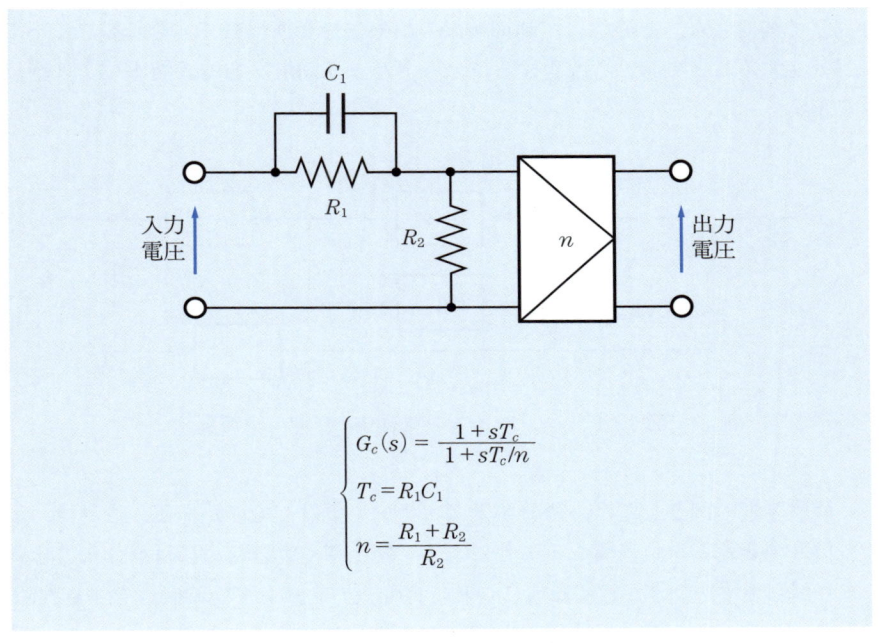

図 13.16　進み補償要素

13.6　フィードバック補償

これまでは，制御偏差に着目して，もとの制御系のループに直列に要素を挿入して補償した．その他に，制御結果の出力信号を検出して，それをフィードバックすることで特性を改善する**フィードバック補償**がある．図 13.17 に構成を示す．

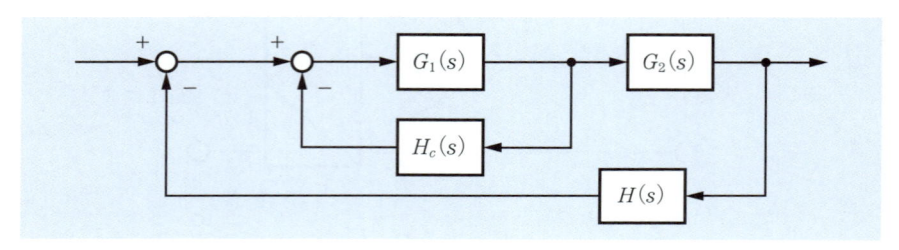

図 13.17　フィードバック補償のブロック原理

補償要素の例としては，微分要素にゲインを掛けたものがある．これは，出力信号の変化率を負帰還することにより，停止時や動き初めには操作入力をあまり減らさず，動きが速くなるにつれて操作入力を減じていく働きをするため，立ち上がりが良く，かつ行き過ぎを抑えられるなどの効果がある．

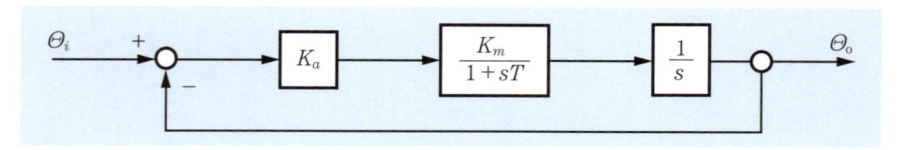

図 13.18　サーボ機構のブロック線図

7.3 節で取り上げた位置決めサーボ機構を例として説明する（簡単化のため $K_p = 1$ とする）．フィードバック補償前の系のブロック線図を図 13.18 に示す．この系の伝達関数は

$$\frac{\Theta_o}{\Theta_i} = \frac{K_a K_m / T}{s^2 + (1/T)s + K_a K_m / T}$$

であり，固有角周波数 ω_n と減衰係数 ζ は

$$\begin{cases} \omega_n = \sqrt{\dfrac{K_a K_m}{T}} \\ \zeta = \dfrac{1}{2}\sqrt{\dfrac{1}{K_a K_m T}} \end{cases}$$

である．K_m と T はモーターや負荷で定まるので，調整要素はアンプの増幅度の K_a のみである．K_a は ω_n と ζ の両方に含まれる．振動性を抑えるために ζ を大きくしようとして K_a を小さくすると，同時に ω_n も小さくなり立ち上がりが遅くなってしまう．

この系にフィードバック補償を行うと，ブロック線図は図 **13.19** となる．この系の伝達関数は

$$\frac{\Theta_o}{\Theta_i} = \frac{K_a K_m/T}{s^2 + \{(1 + K_a K_m K_c)/T\}s + K_a K_m/T}$$

であり

$$\begin{cases} \omega_n = \sqrt{\dfrac{K_a K_m}{T}} \\ \zeta = \dfrac{1}{2}\sqrt{\dfrac{1}{K_a K_m T}}(1 + K_a K_m K_c) \end{cases}$$

となる．フィードバック補償の前後では，固有角周波数は不変で減衰係数のみが $(1 + K_a K_m K_c)$ 倍に大きくなっている．減衰係数が大きいほど振動性が小さく，安定度が増していることがわかる．また，フィードバック補償要素の係数 K_c は，ζ にのみ関係しており，行き過ぎ量などの振動に関わる項のみを独立に調整することができる．

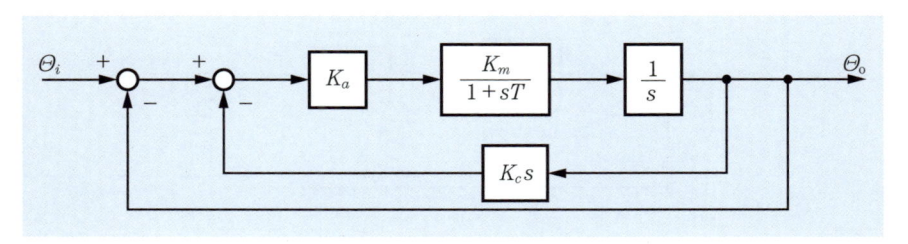

図 **13.19** フィードバック補償後のブロック線図

13章の問題

1 不安定な系において，ゲインを下げて安定化する原理を説明せよ．また，ボード線図をどのように利用すればよいか？

2 遅れ補償，進み補償について説明せよ．

3 フィードバック補償により2次系の特性が改善できる理由を説明せよ．

4 図1の回路は，フィードバック制御系を安定化するために，補償要素として図2に示すように付加されるものである．この回路のボード線図として妥当なものはどれか（図3）．ただし

$$T_c = R_2 C_2,$$
$$n = \frac{R_2}{R_1 + R_2} \quad (0 < n < 1)$$

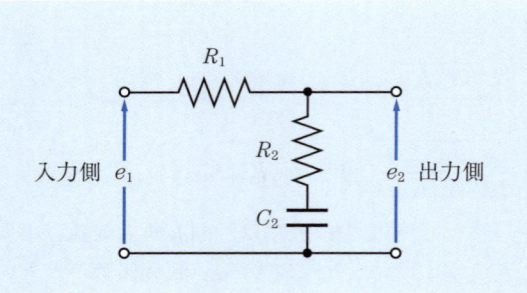

図1

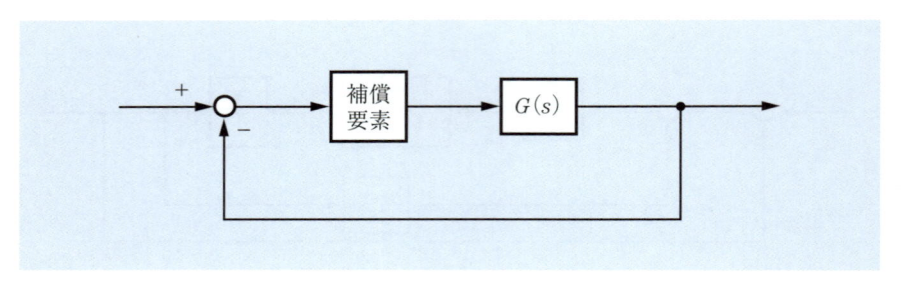

図2

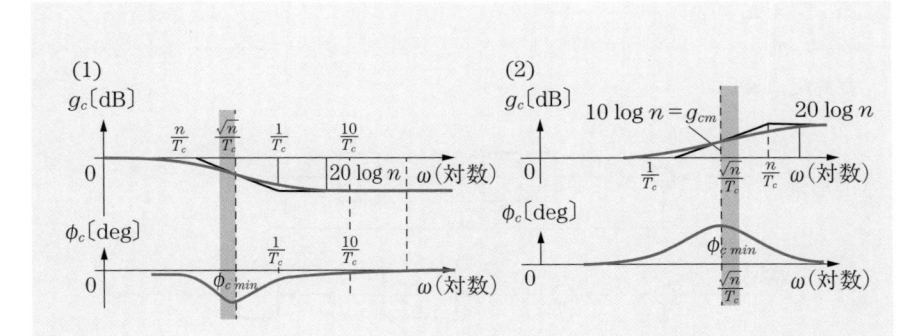

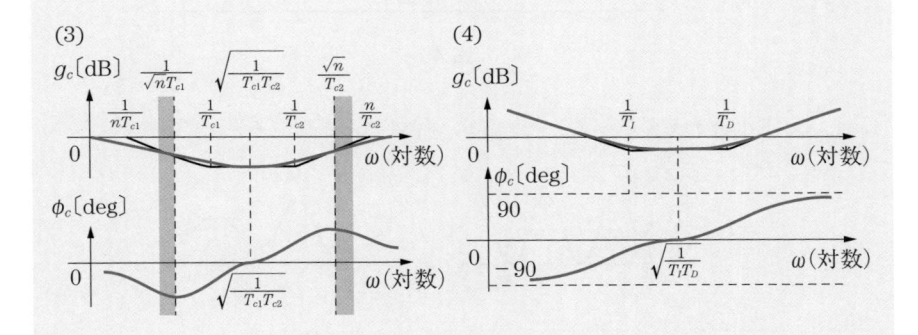

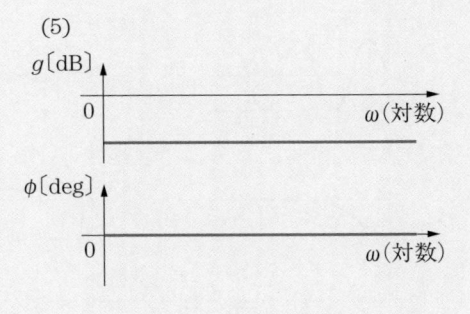

図 3

170　第 13 章　フィードバック制御系の特性補償

□**5**　図 4 (a) のフィードバック制御系に，(b) のようにフィードバック補償を行った．両者に単位ステップ入力を印加したとき，それぞれの応答を正しく示した組合せはどれか（図 5）．

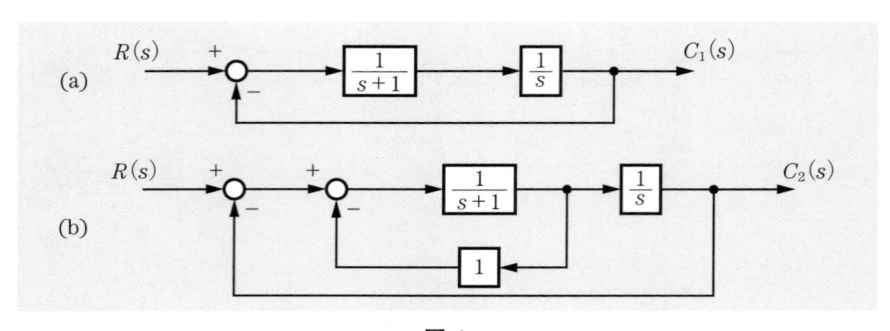

(a) $R(s) \to \bigoplus_{-}^{+} \to \boxed{\dfrac{1}{s+1}} \to \boxed{\dfrac{1}{s}} \to C_1(s)$（出力を負帰還）

(b) $R(s) \to \bigoplus_{-}^{+} \to \bigoplus_{-}^{+} \to \boxed{\dfrac{1}{s+1}} \to \boxed{\dfrac{1}{s}} \to C_2(s)$（内側ループに $\boxed{1}$ の負帰還，外側に出力の負帰還）

図 4

　　　　(a) の系の単位ステップ応答　　(b) の系の単位ステップ応答

(1) $c_1(t)$：持続振動　　　　　　　$c_2(t)$：減衰振動して 1 に整定
(2) $c_1(t)$：減衰振動して 1 に整定　$c_2(t)$：小さなオーバーシュートで整定
(3) $c_1(t)$：持続振動　　　　　　　$c_2(t)$：単調に 1 に整定
(4) $c_1(t)$：単調に 1 に整定　　　　$c_2(t)$：小さなオーバーシュートで整定
(5) $c_1(t)$：小さなオーバーシュートで整定　$c_2(t)$：単調に 1 に整定

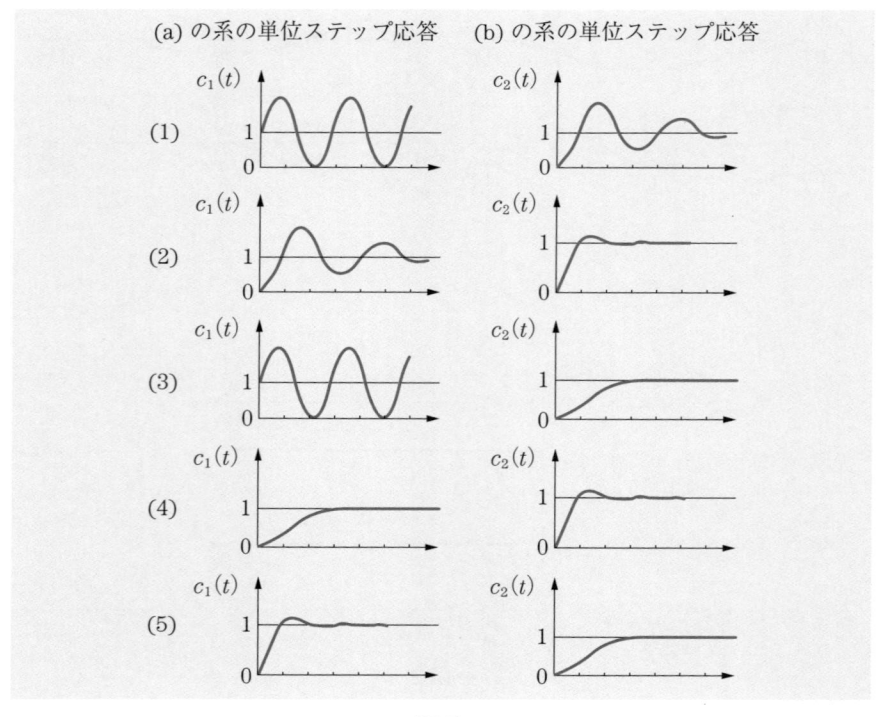

図 5

6 図6に示すフィードバック制御系の一巡伝達関数の周波数応答特性を，ボード線図で描くと図7となった．この系に対して，安定化しゲイン余裕が10 dBとなるように，図8に示すようなゲイン補償を行った．このとき，$G_c(s)$の伝達関数を求めよ．

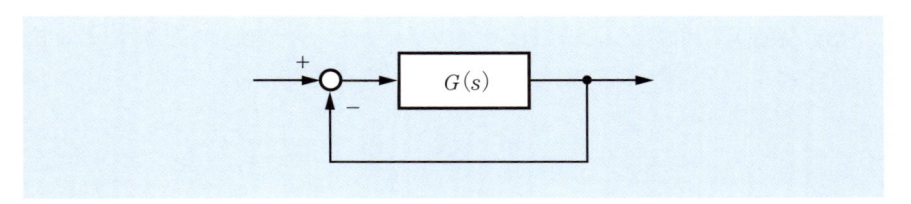

図6

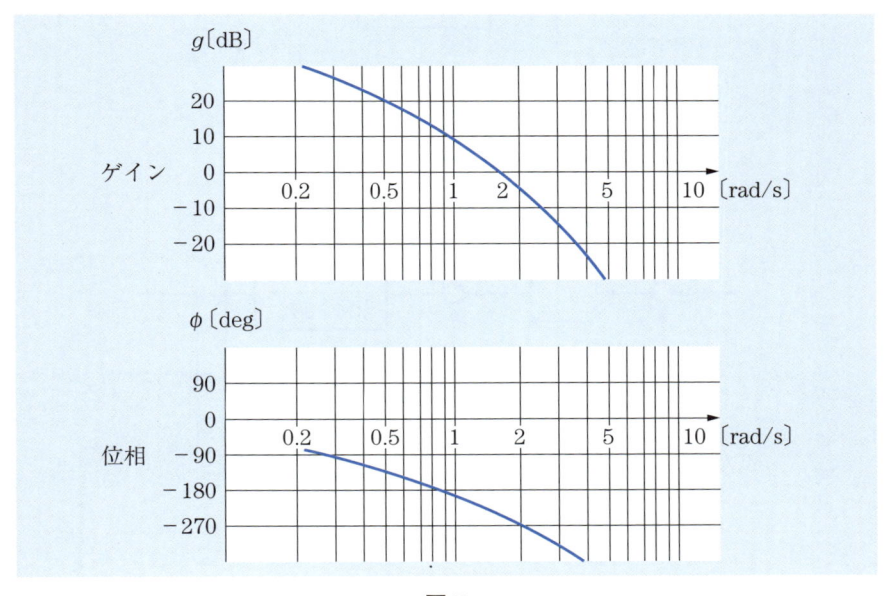

図7

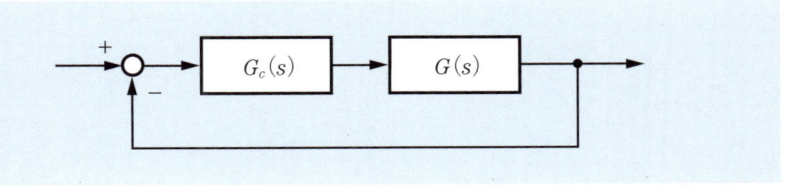

図8

7 図9に示す制御系に対して，図10のようなフィードバック補償を施した．ここで，K および T はシステム固有の定数，K_C および K_T は可変の定数とする．
(1) 固有角周波数と減衰係数を独立に調節できるようになることを示せ．
(2) ステップ入力に対して，行き過ぎ量が出ない，かつ速応性を損なわないようにする方法を説明せよ．
(3) 系の固有周波数 ω_n を設定してアンプのゲイン K を決めたところ，$\zeta = 0.5$ となってしまった．ω_n を変えずに $\zeta = 0.7$ とするには，どのようにしたらよいか？

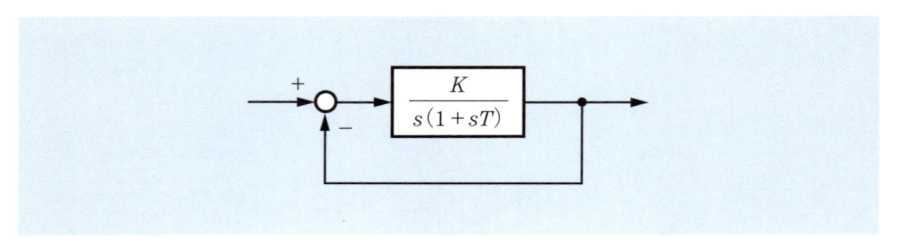

図 9

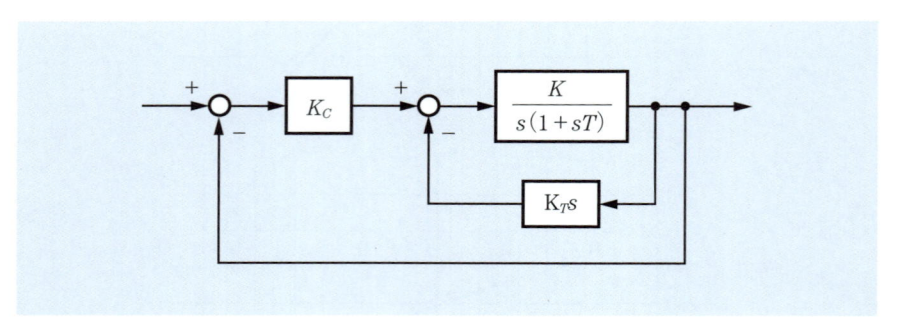

図 10

第14章

フィードバック制御系の性能向上

　13章では，フィードバック制御系の安定性の観点から特性を改善する方法について学んだが，制御系の性能は安定性だけではない．そもそも制御量を目標値に一致させることが目的であり，定常偏差が小さいことや，偏差がした場合になるべく速く解消されることが望ましい．単に制御系においてフィードバックをかけるだけではそれらが達成できるとは限らない．
　本章ではフィードバック制御系の性能を向上させるための手法について学ぶ．

14.1 定常偏差への対応

図 14.1 に示すブロック線図は，1 次遅れの制御対象に比例要素によるコントローラを用いてフィードバック制御を行った例である．その単位ステップ応答は図 14.2 に示すものとなり，定常偏差が残ることがわかる．

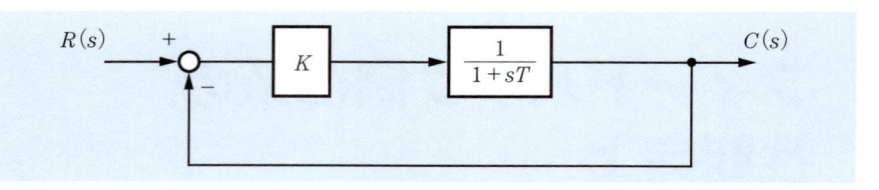

図 14.1 比例制御の例

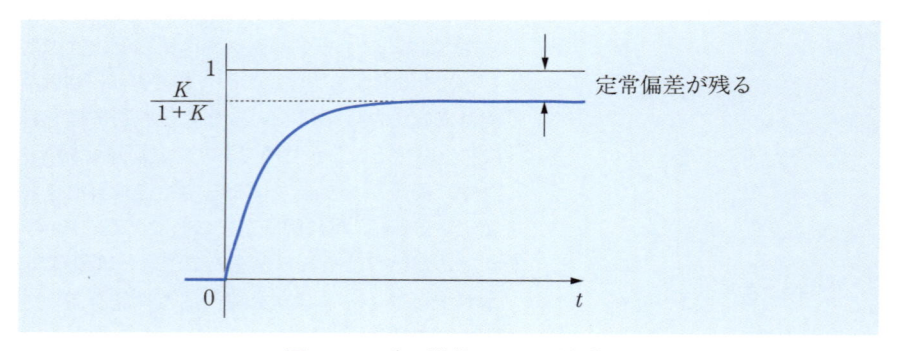

図 14.2 系の単位ステップ応答

この系において，なぜ定常偏差が残るかについて考えてみよう．この系では，制御動作は次のような経過をたどる．

(1) 偏差に比例した量が制御対象に操作量として印加される．
(2) 目標値に近づき偏差が徐々に小さくなると，操作量も小さくなる．
(3) 抵抗力などとつり合ったところで動かなくなる．
(4) 目標値に到達せず定常偏差となる．

図 14.1 の系では，コントローラは比例要素である．これは，偏差に比例した操作量を発生するものであり，偏差が小さくなると操作量は小さくなる．原因

14.1 定常偏差への対応

は，目標値に到達せずに偏差が残りそれに比例した操作量も発生するが，それでは小さく，制御対象を目標値に向かって動かすことができないことにある．

定常偏差をなくすためには，どのようにしたらよいであろうか．偏差が残っている限り，制御対象が目標値に向かって動くまで操作量を増やせばよい．偏差が残った状態が続いたとき，操作量を増加していくようにコントローラを変更する．入力がなされるとそれを徐々に大きくして出力する要素として，積分要素がある．先述の系のコントローラに積分要素を付加すると，偏差が残ったときそれを積分して出力するため，その出力は徐々に大きくなり，操作量が増加し制御対象が目標値に向かって再び動き出し，偏差は減少していく．目標値に到達すると偏差は 0 になり，0 はいくら積分しても 0 であり，積分要素の出力の増加は止まる．

この考え方に基づいて，定常偏差をなくすために比例動作のみの系に積分動作を加えると，図 14.3 に示すような系となる．すなわち，

比例動作 + 積分動作

の系である．この系において，定常偏差が残ったときそれが積分され，その出力は徐々に大きくなり，制御対象への操作量が増加し再び動き出す．そして目標値に達すると偏差は 0 になり，それをいくら積分しても 0 であり，操作量の増加はなくなる．このような制御動作を，

比例（P：Proportional）動作 + 積分（I：Integral）動作

ということで **PI 制御**とよぶ．

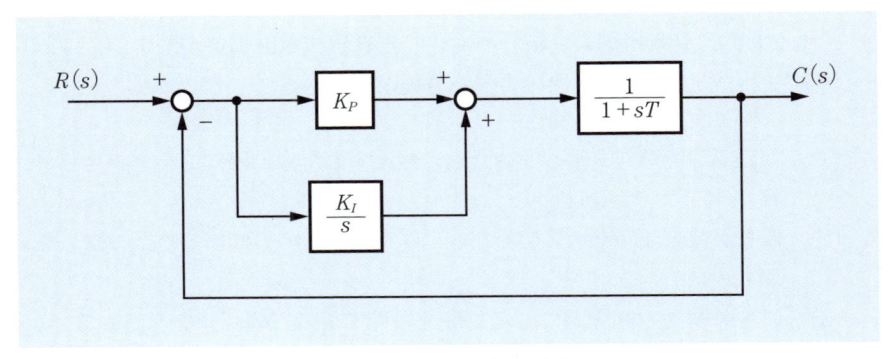

図 14.3 積分要素の付加

14.2　偏差変動への対応

図 14.4 は，比例要素によるコントローラを用いたフィードバック制御において，外乱も含めた例である．

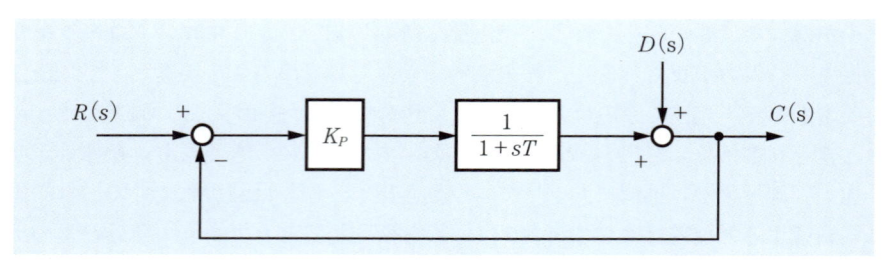

図 14.4　外乱も含めた比例制御の例

この系において，外乱の印加や目標値の変化に対する応答の経過をたどると以下のようになる．

(1) 外乱の印加や目標値の変化により，偏差が発生する．
(2) 偏差が発生すると，その偏差の大きさに比例して操作量が発生し制御対象に加えられる修正操作が行われる．
(3) 偏差が変動したときの対応が速くない．

図 14.4 の系では，コントローラは比例要素である．これは，偏差に比例した操作量を発生するものであり，偏差の変動をそのまま反映する．偏差の変動が発生したときの修正は速く行われ，偏差が素早く打ち消されることが望ましい．すなわち，外乱影響の打消しや変化した目標値への到達が安定的に速いことである．そのためには，次のような方策が考えられる．

(1) 偏差が増加傾向を示し始めたら，修正するための操作量を上のせして増やす．
(2) 偏差が減少傾向を示し始めたら，修正するための操作量の上のせ分を減らす．
(3) 偏差の変動の度合いに応じて修正の操作量の上のせ分を増減する．

14.2 偏差変動への対応

偏差の変化の度合いに応じて，操作量の上のせ分を発生するようにコントローラを変更する．入力の変化の度合いに応じて出力する要素として，微分要素がある．偏差を微分すると，偏差の変化の度合いに応じた出力が得られる．それを操作量に加えれば，偏差が増加傾向にあれば，それに応じて修正操作量の上のせ分が増加し，偏差が減少傾向にあれば，それに応じて修正操作量の上のせ分が減少する．

この考え方に基づいて，偏差の変動へ速応するため，比例動作のみの系に微分動作を加えると図 14.5 に示すような系となる．すなわち，

比例動作 + 微分動作

の系である．この系において，比例要素による操作量に加えて，偏差の微分により，変化の度合いに応じて操作量の上のせ分が増減する．修正操作の結果により偏差の変動が抑えられると，偏差の微分出力は 0 になり，操作量の上のせ分の加減はなくなる．このような制御動作を

比例（P）動作 + 微分（D：Derivative）動作

ということで **PD 制御**とよぶ．

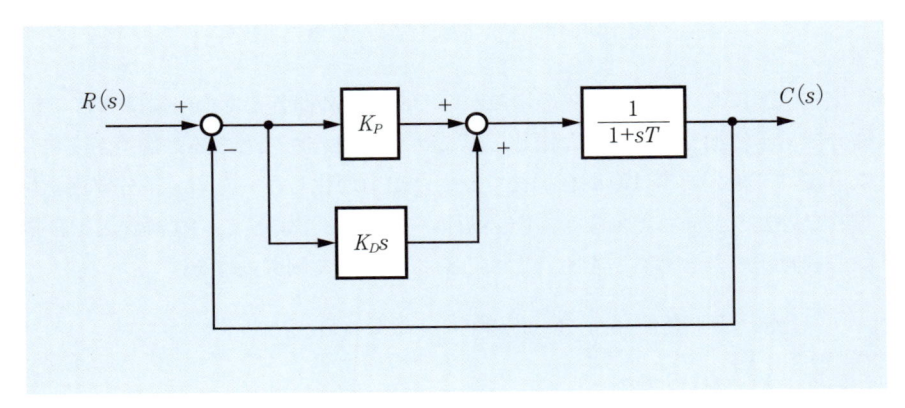

図 14.5 微分要素の付加

14.3 PID 動作

ここまでで，定常偏差への対応には比例動作に積分動作を加えればよく，また，偏差変動への速応のためには，比例動作に微分動作を加えればよいことがわかった．その両者を同時に達成するためには，図 14.6 に示すように比例動作に積分動作および微分動作を加えることを考える．

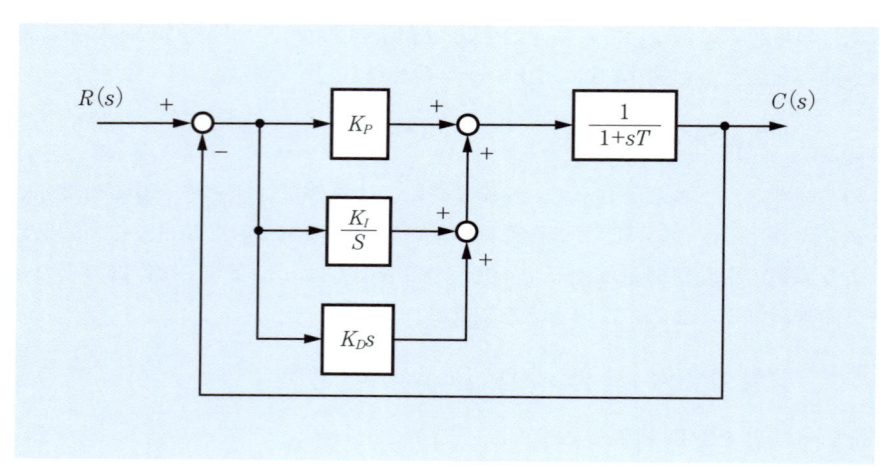

図 14.6　積分要素および微分要素の付加

定常状態においては，偏差の増減が 0 であるため微分要素の出力は 0 となり，微分要素を付加しないときと同じとみなせ，PI 動作が主となる．偏差が変化した直後は，積分要素は時間経過後でないと出力変化しないため，積分要素を付加しないときと同じとみなせ，PD 動作が主となる．よって，PI 動作と PD 動作の利点が組み合わさったものとなる．このような制御動作を

　　比例（P）動作 + 積分（I）動作 + 微分（D）動作

ということで **PID 制御** とよぶ．

14章の問題

☐ **1** 定常偏差をなくすために積分要素が有効な理由を説明せよ．

☐ **2** 量の変化に対して微分要素はどのように反応するかを説明せよ．

☐ **3** 図1のPID動作をコントローラとする系において，破線で囲んだコントローラ部分の伝達関数を求めよ．

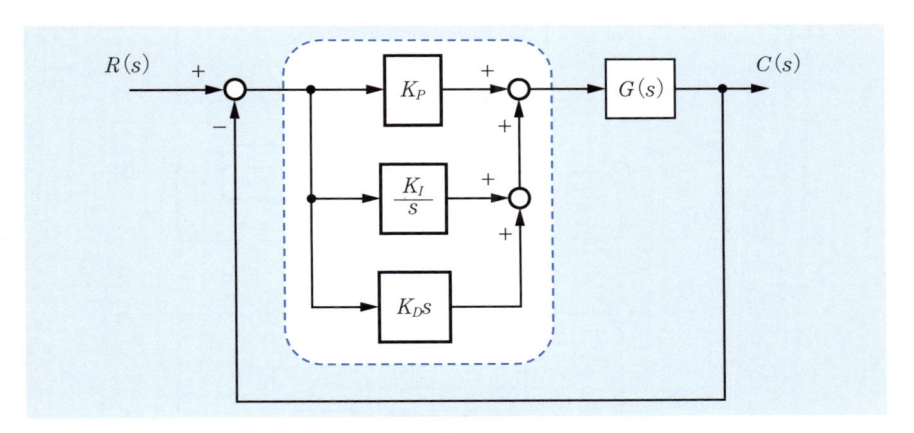

図 1

☐ **4** PID制御における積分（I）要素，微分（D）要素の役割について説明せよ．

☐ **5** I制御のみの場合とPI制御について，定常偏差の観点および偏差が発生したときの修正操作の観点から特性を比較してみよ．

☐ **6** 図2のフィードバック制御系に，単位ステップ入力を印加したとき，図3に示

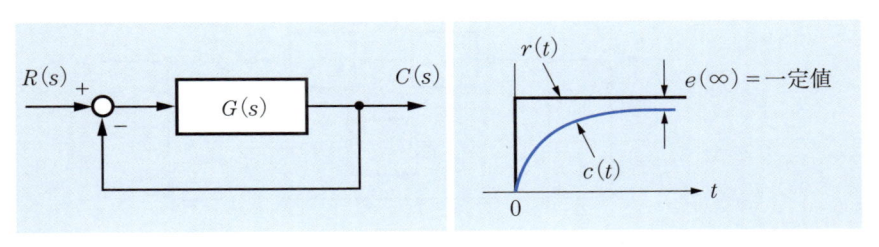

図 2

図 3

180 第14章 フィードバック制御系の性能向上

す応答をした．この系に補償要素を印加したとき，任意の大きさのステップ入力に対する定常偏差がなくなるものは図4の(1)～(5)のどれか．ただし，K_1 および K_2 は有限な正の定数値とする．

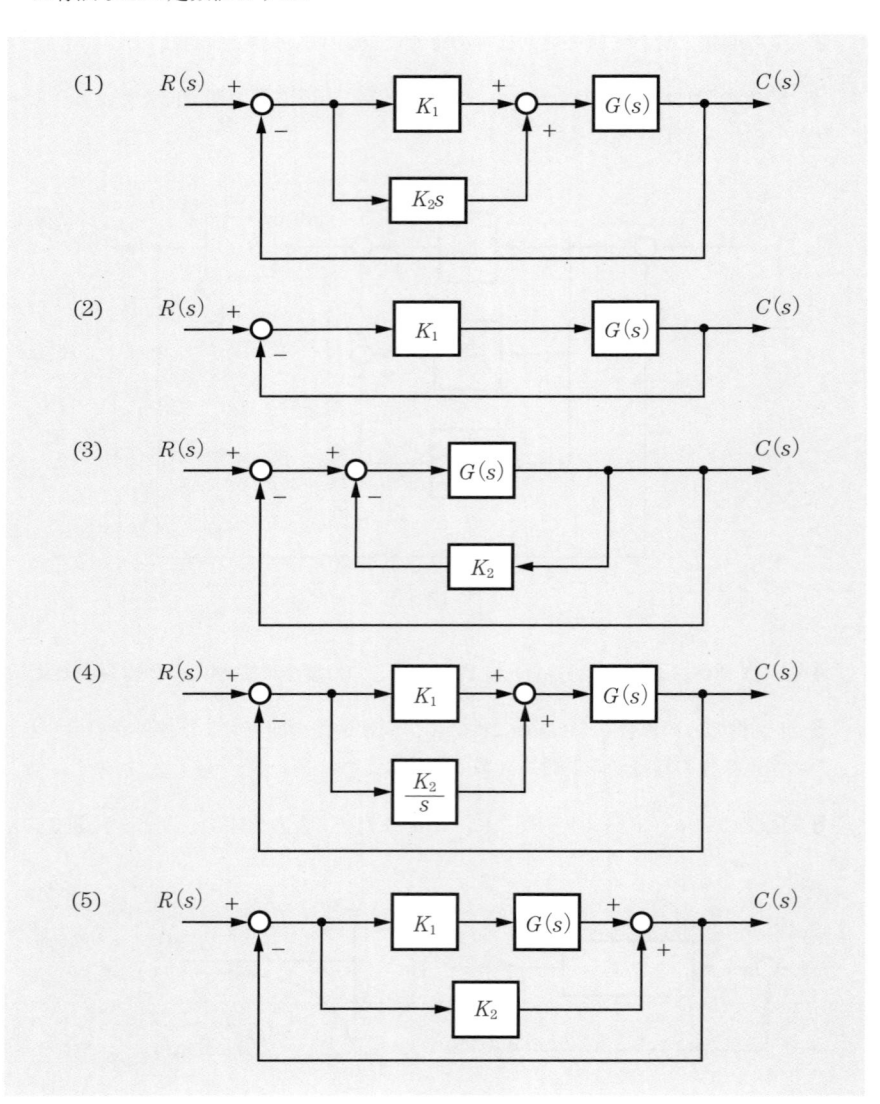

図4

問題解答

第1章

1　ある目的に適合するように，対象となっているものに所要の操作を加えること．

2　手順の制御：自動販売機（お金を入れる → ボタンを押す → 商品が出る）
　　量の制御　：エアコン（設定の温度となるように熱量を調節）

3　例えばエレベーターがある．
手順の制御：呼び出してから目的階までの到達
　　　呼び出しボタンを押す → カゴが来る → ドアが開く → ドアが閉まる
　　　→ 行先階に動く → ドアが開く
量の制御：カゴの運動
　　　動くときは重量に関わらず所定の速さ．また，停止は所定の位置．

4　(1)　手順の制御
　　(2)　作業命令：乗客による運転手への指示
　　　　制御命令：運転手による自動車の操作

第2章

1　遠心振子により回転速度を検出し，それに応じて蒸気弁を開閉し，回転速度を加減する．すなわち，回転速度が速くなると振り子に働く遠心力が増し傘が開き，パンタグラフとてこを介して蒸気弁を閉じる方向に操作が行われ，蒸気量が減り回転速度を下げる．逆に，回転速度が遅くなると振り子に動く遠心力が減り傘が閉じ，パンタグラフとてこを介して蒸気弁を開く方向に操作が行われ，蒸気量が増え回転速度を上げる．

2　外乱により制御対象の出力が変動する．

3 直流モーターの回転速度制御

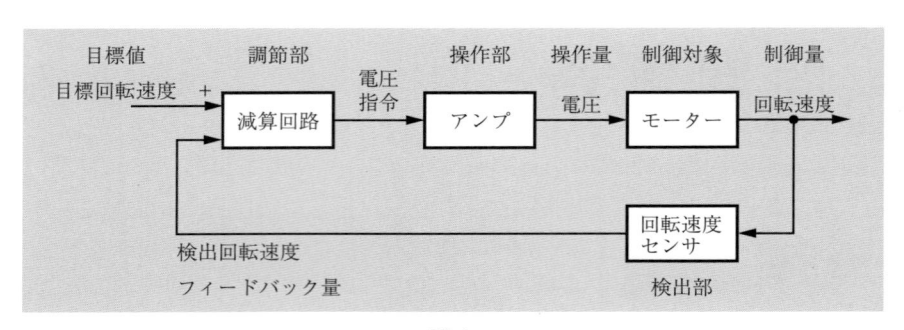

```
目標値          調節部           操作部  操作量  制御対象    制御量
目標回転速度 +                電圧                          回転速度
         ──→[減算回路]─指令→[アンプ]─電圧→[モーター]──┬──→
          -↑                                             │
           │                                             │
           │     検出回転速度              [回転速度     │
           └─────────────────────────────── センサ ]←────┘
              フィードバック量              検出部
```

図 1

4 (1) $\begin{cases} e = r - c \\ c = Ke + d \end{cases}$
$\therefore\ c = \frac{K}{1+K}r + \frac{1}{1+K}d$

(2) $\begin{cases} e = r - c \\ c = K(e + d) \end{cases}$
$\therefore\ c = \frac{K}{1+K}r + \frac{K}{1+K}d$

制御量の外乱による変動は，要素の出力側に外乱が入りフィードバックされる．(1) の場合の方が (2) の場合の $\frac{1}{K}$ と小さい．

5 制御対象が A のときの制御量を c とすると $c = \frac{KA}{1+KA}r$．制御対象が $A + \Delta A$ のときの制御量を c' とすると

$$c' = \frac{K(A+\Delta A)}{1+K(A+\Delta A)}r$$

制御量の変動は

$$\begin{aligned} c' - c &= \frac{K(A+\Delta A)}{1+K(A+\Delta A)}r - \frac{KA}{1+KA}r \\ &= \frac{K\Delta A}{\{1+K(A+\Delta A)\}(1+KA)}r \end{aligned}$$

K が十分に大きいと $c' - c$ は 0 に近づく．すなわち，制御対象の変化 ΔA による影響が打ち消される．

6 フィードフォワード制御は，制御量が外乱により変動する前に操作が修正されるためフィードバック制御に比べ外乱に対する応答が速いことが長所であるが，未知の外乱には対応できないことが短所である．

第3章

1 直列結合：全体としての伝達関数は，各要素の伝達関数の積．

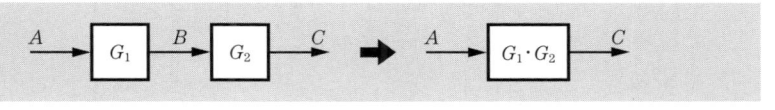

図2

並列結合：全体としての伝達関数は，各要素の伝達関数の和．

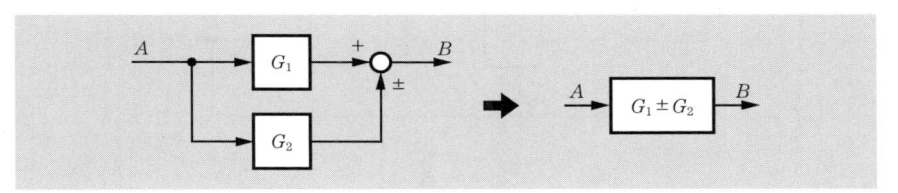

図3

2 ＋のとき

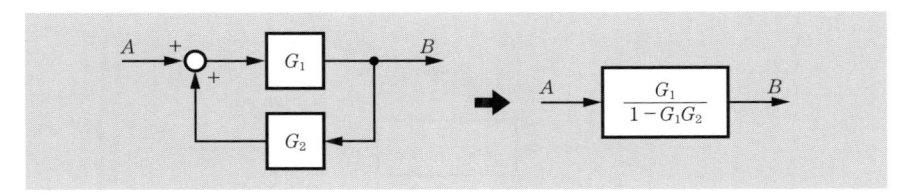

図4

－のとき

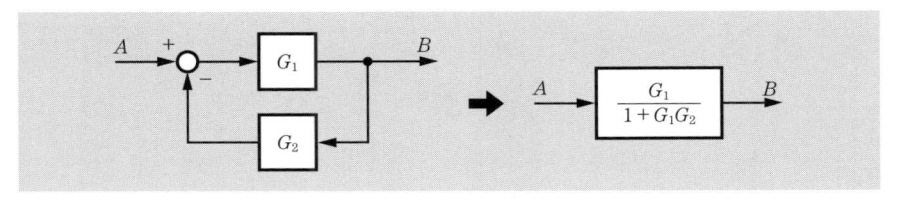

図5

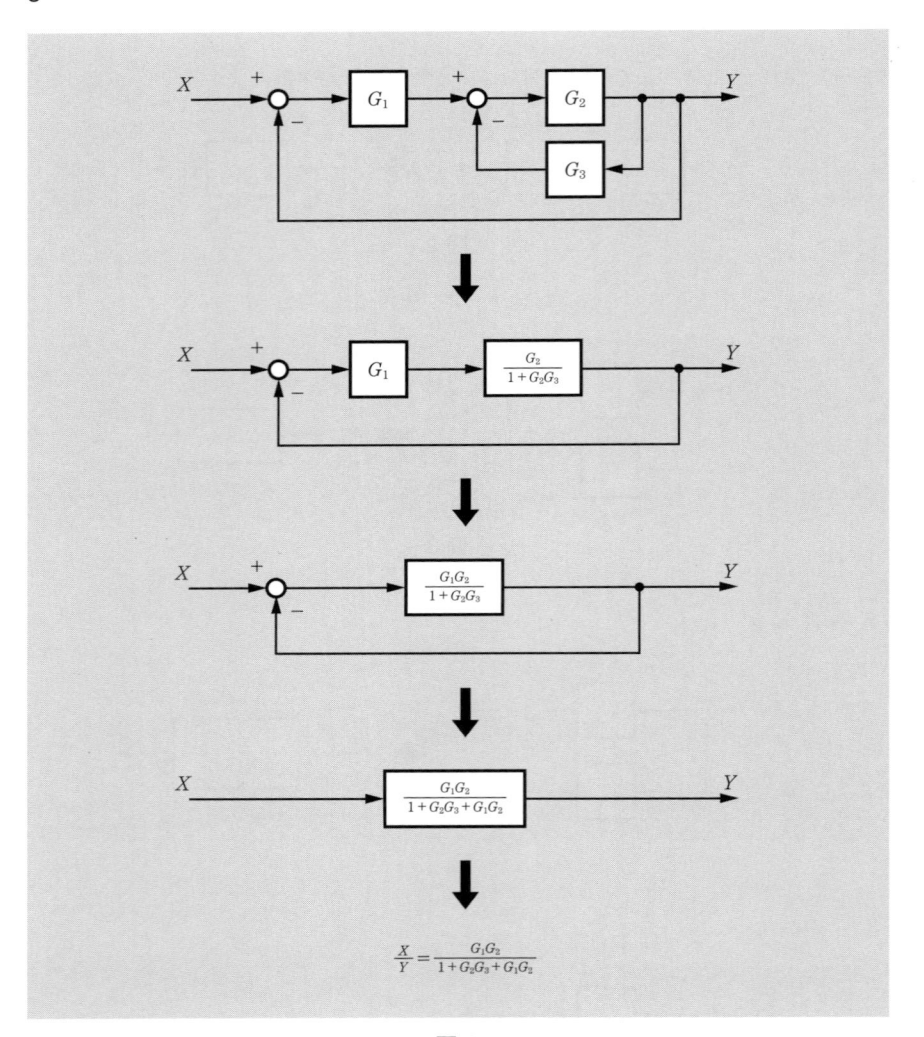

3

$$\frac{X}{Y} = \frac{G_1 G_2}{1 + G_2 G_3 + G_1 G_2}$$

図6

4

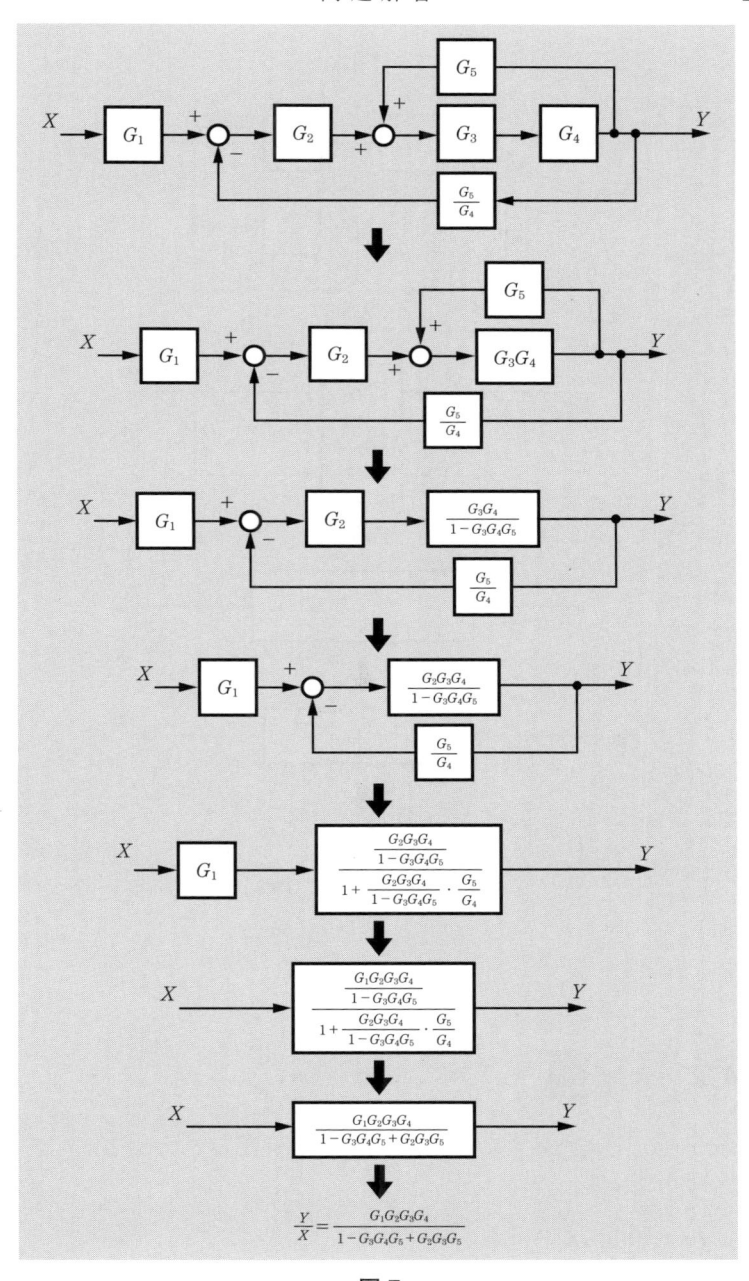

$$\frac{Y}{X} = \frac{G_1 G_2 G_3 G_4}{1 - G_3 G_4 G_5 + G_2 G_3 G_5}$$

図 7

5

```
X ─→+○──→[G₁]──→[G₂]──●──→ Y
      −↑              │
       │    [G₃/G₂]←──┤
       │      ↓       │
       └──+○←+────────┘
```

```
X ─→+○──→[G₁G₂]──●──→ Y
      −↑         │
       │ [1+G₃/G₂]←┘
```

$$X \longrightarrow \boxed{\dfrac{G_1 G_2}{1+G_1 G_2\left(1+\dfrac{G_3}{G_2}\right)}} \longrightarrow Y$$

$$X \longrightarrow \boxed{\dfrac{G_1 G_2}{1+G_1 G_2+G_1 G_3}} \longrightarrow Y$$

$$\frac{Y}{X} = \frac{G_1 G_2}{1+G_1 G_2+G_1 G_3}$$

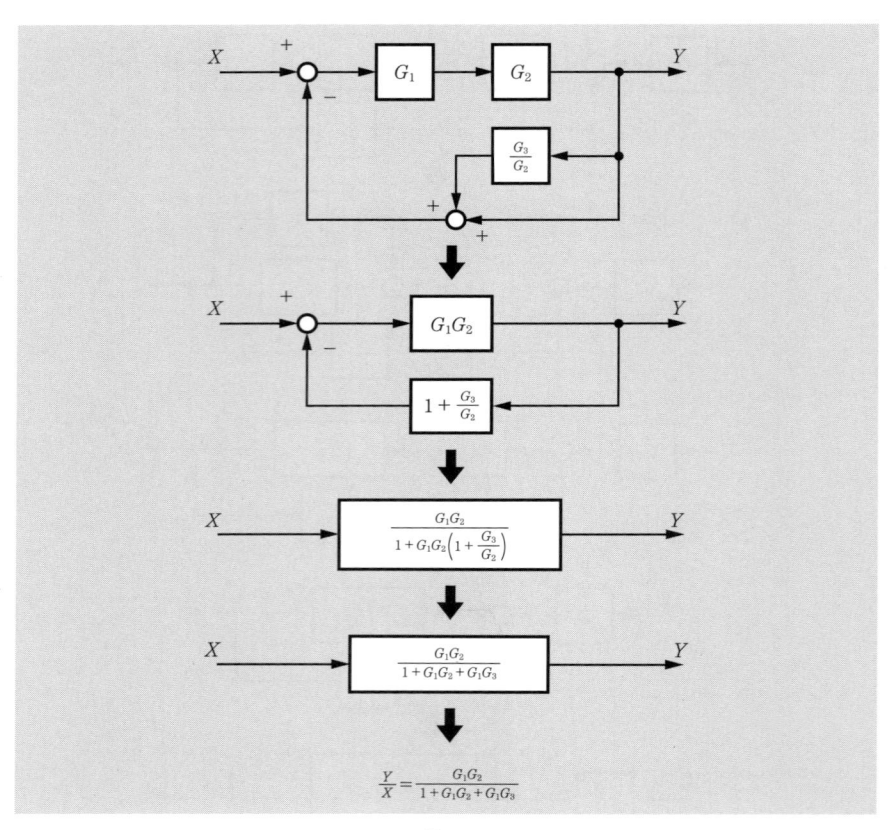

図 8

第 4 章

1 $f(t)$ のラプラス変換を $F(s)$ とすると $f(t)$ の微分は $sF(s)$ となり,$f(t)$ の積分は $\frac{1}{s}F(s) - f(0)$ となる.

2 $\displaystyle\lim_{t\to\infty} f(t) = \lim_{s\to 0} sF(s)$

3 $\frac{6}{s^2+5s+6} = \frac{6}{(s+2)(s+3)} = \frac{6}{s+2} - \frac{6}{s+3}$

$\mathcal{L}^{-1}\left[\frac{6}{s+2}\right] = 6e^{-2t}, \quad \mathcal{L}^{-1}\left[\frac{6}{s+3}\right] = 6e^{-3t}$

∴ $f(t) = 6e^{-2t} - 6e^{-3t}$

4 (1) $Y(s) = \frac{2}{s^2+3s+2}\frac{1}{s} = \frac{2}{s(s+1)(s+2)} = \frac{1}{s} - \frac{2}{s+1} + \frac{1}{s+2}$

$y(t) = 1 - 2e^{-t} + e^{-2t}$

ただし，$y(t) = 0 \;(t < 0)$

(2) $Y(s) = \frac{2}{s^2+3s+2} \cdot \frac{1}{s^2}$

$= \frac{2}{s^2(s+1)(s+2)} = \frac{1}{s^2} - \frac{3}{2}\cdot\frac{1}{s} + \frac{2}{s+1} - \frac{1}{2}\cdot\frac{1}{s+2}$

$y(t) = t - \frac{3}{2} + 2e^{-t} - \frac{1}{2}e^{-2t}$

ただし，$y(t) = 0 \;(t < 0)$

5 (1) 初期値：$\lim_{t\to 0} y(t) = \lim_{t\to 0}(1 - 2e^{-t} + e^{-2t}) = 1 - 2 + 1 = 0$

初期値の定理：$\lim_{s\to\infty} sY(s) = \lim_{s\to\infty} s\frac{2}{s^2+3s+2}\frac{1}{s} = \lim_{s\to\infty}\frac{2}{s^2+3s+2} = 0$

最終値：$\lim_{t\to\infty} y(t) = \lim_{t\to\infty}(1 - 2e^{-t} + e^{-2t}) = 1 - 0 + 0 = 1$

最終値の定理：$sY(s) = s\frac{2}{s^2+3s+2}\frac{1}{s} = \frac{2}{s^2+3s+2} = \frac{1}{(s+1)(s+2)}$

分母が正の根をもたないので適用可．

$\lim_{s\to 0} sY(s) = \lim_{s\to 0}\frac{2}{s^2+3s+2} = 1$

(2) 初期値：$\lim_{t\to 0} y(t) = \lim_{t\to 0}\left(t - \frac{3}{2} + 2e^{-t} - \frac{1}{2}e^{-2t}\right) = 0 - \frac{3}{2} + 2 - \frac{1}{2} = 0$

初期値の定理：$\lim_{s\to\infty} sY(s) = \lim_{s\to\infty} s\frac{2}{s^2+3s+2}\cdot\frac{1}{s^2} = \lim_{s\to\infty}\frac{2}{s^2+3s+2}\cdot\frac{1}{s} = 0$

最終値：$\lim_{t\to\infty} y(t) = \lim_{t\to\infty}\left(t - \frac{3}{2} + 2e^{-t} - \frac{1}{2}e^{-2t}\right) = \infty$

最終値の定理：$sY(s) = s\frac{2}{s^2+3s+2}\cdot\frac{1}{s^2} = \frac{1}{s(s+1)(s+2)}$

分母が正の根をもたないので適用可．

$\lim_{s\to 0} sY(s) = \lim_{s\to 0}\frac{1}{s(s+1)(s+2)} = \infty$

第5章

1 比例要素 K，微分要素 s，積分要素 $\frac{1}{s}$

2 入力信号に対して，信号波形はそのままで時間 L だけ遅らせて出力する．伝達関数は e^{-sL}．

3 (1)

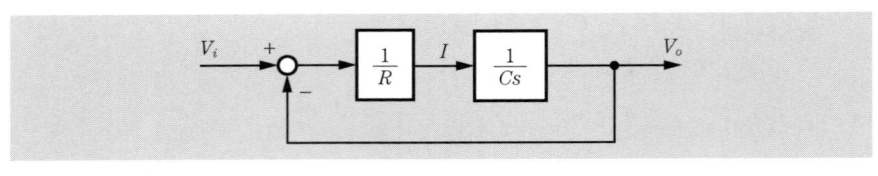

図 9

(2)

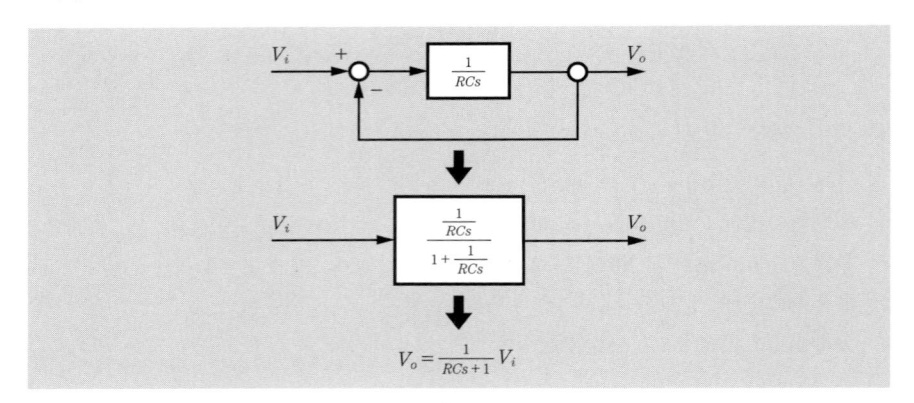

図 10

(3) 1 次遅れ.

4 (1) 回路を流れる電流を $i(t)$ とする.

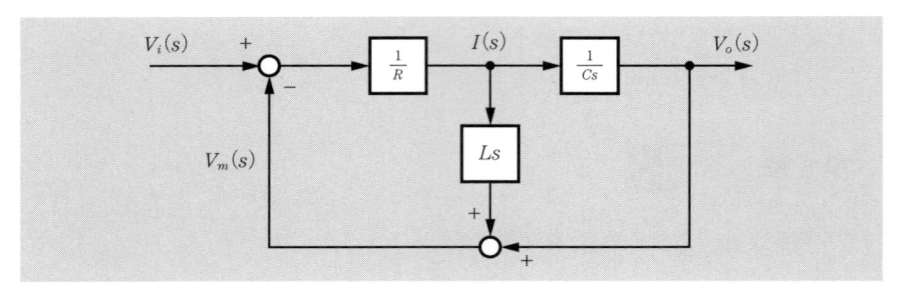

図 11

(2) $\frac{1}{LCs^2+RCs+1}$ (3) 2 次遅れ.

第6章

1　$\dfrac{K}{Ts+1}$，時定数：T，ゲイン定数：K

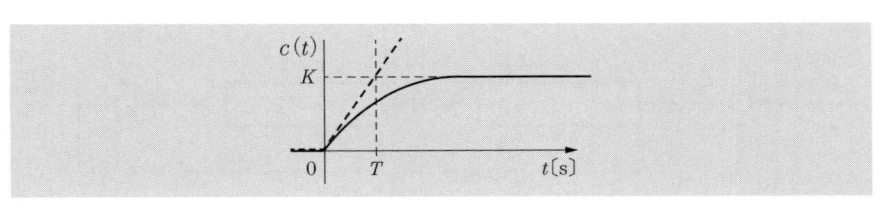

図 12

2　$\dfrac{K\omega_n^2}{s^2+2\zeta\omega_n s+\omega_n^2}$，固有角周波数：$\omega_n$，減衰係数：$\zeta$．図 7.13 参照．

3　時定数に経過時点での初期値からの変化量は，入力されたステップの大きさの $K(1-e^{-1})$ 倍である．いま，$K=1$．初期値は 25°C，時定数である 3 分後の温度 31.32 であるから，ステップの大きさは，$\dfrac{31.32-25}{1-e^{-1}}=10$．よって体温は

　　初期値 25°C + ステップの大きさ 10°C = 35°C

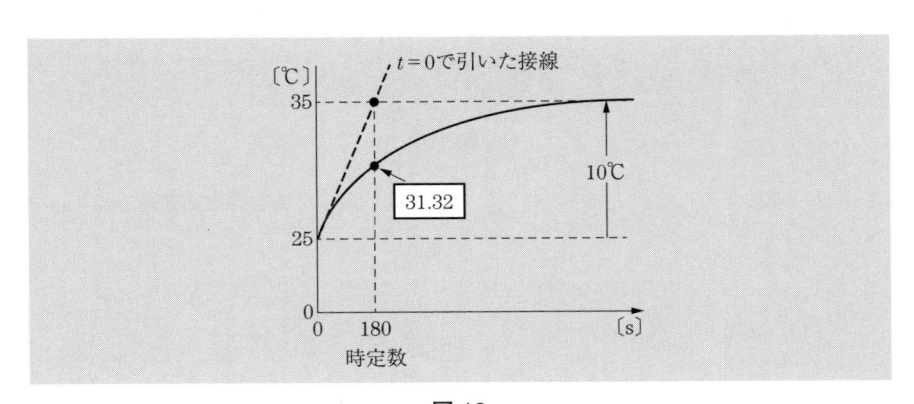

図 13

第7章

1　略．

第 8 章

1

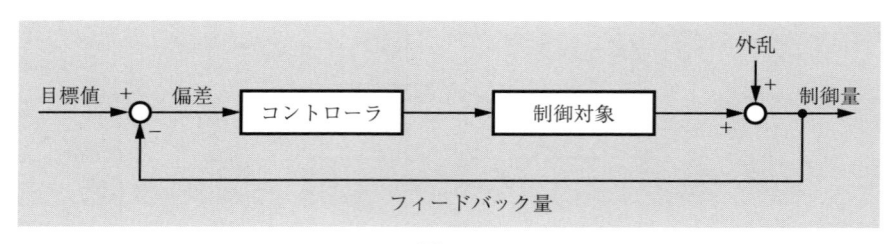

図 14

2 閉ループ伝達関数 $\frac{G(s)}{1+G(s)H(s)}$, 一巡伝達関数 $G(s)H(s)$

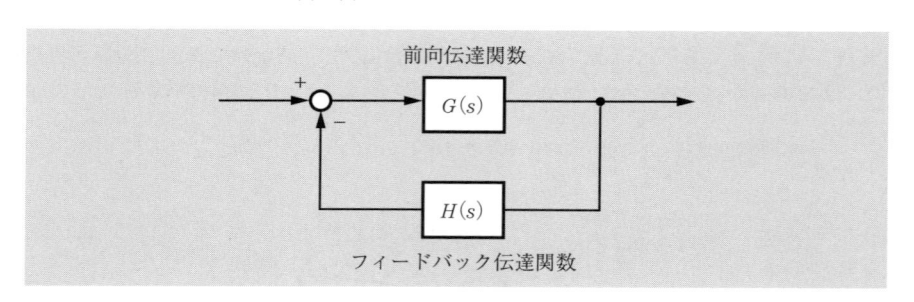

図 15

3 (1) 外乱が入らないとき $C = \frac{G}{1+G}R$, 外乱が入った場合の制御量を, $C'(s)$ とする.

$$C' = G(R - C') + D$$
$$(1+G)C' = GR + D$$
$$C' = \frac{G}{1+G}R + \frac{1}{1+G}D$$
$$C' - C = \frac{G}{1+G}R + \frac{1}{1+G}D - \frac{G}{1+G}R = \frac{1}{1+G}D$$

(2) フィードバックがない場合：制御量の変動 D
フィードバックがある場合：制御量の変動 $\frac{1}{1+G}D$

フィードバックにより外乱による制御量の変動は $\frac{1}{1+G}$ 倍となった. G が大きいほど変動は小さくなる.

第9章

1. 9.1 節「フィードバック制御系における定常偏差」を参照.

2. 4.2 節 (6)「時間関数のラプラス変換」を参照.

3. (b) において
$$\begin{cases} E_1 = R - C_1 \\ C_1 = G_1 \cdot G_2 \cdot E_1 + D_1 \end{cases}$$
$$\therefore \quad E_1 = \frac{1}{1+G_1G_2}(R-D)$$
$$G_1 = \frac{K}{1+Ts}, \quad G_2 = \frac{1}{s}, \quad R = \frac{A}{s}, \quad D = \frac{B}{s}$$
を代入し最終値の定理を適用すると
$$e_1(\infty) = \lim_{s \to 0} sE_1(s) = 0$$
(c) において
$$\begin{cases} E_2 = R - C_2 \\ C_2 = (G_1E + D_2)G_2 \end{cases}$$
$$\therefore \quad E_2 = \frac{1}{1+G_1G_2}R - \frac{G_2}{1+G_1G_2D}$$
$$G_1 = \frac{K}{1+Ts}, \quad G_2 = \frac{1}{s} \quad R = \frac{A}{s} \quad D = \frac{B}{s}$$
を代入し最終値の定理を適用すると
$$e_2(\infty) = \lim_{s \to 0} sE_2(s) = -\frac{B}{K}$$

4. (1) このフィードバック制御系の伝達関数は $\frac{5K}{1+2s+5K}$. これより時定数は $\frac{2}{1+5K}$, ゲイン定数 $\frac{5K}{1+5K}$. 定常偏差は $1 - \frac{5K}{1+5K} = \frac{1}{1+5K}$. これが1%になるためには $K = \frac{99}{5}$.
   (2) K の値を小さくすると,ゲイン定数が小さくなるため定常偏差が増える. また,時定数が大きくなるため,定常状態に至るまでの時間が増える.

第10章

1. 入力が印加されて十分に時間が経過して落ち着くまでの間の過渡的な応答.

2. 10.2 節「1 次遅れ系の過渡応答」を参照.

3 10.3 節「2 次遅れ系の過渡応答」を参照.

4 $G(s)$ はステップ応答の図より,時定数 2,ゲイン定数 2 の 1 次遅れであり,伝達関数は $\frac{2}{1+2s}$.これを,問の図 3 の $G(s)$ に代入し,全体の系の伝達関数を求めると,$\frac{1}{s^2+0.5s+1}$.減衰係数 $\zeta = 0.25$ であるので,その単位ステップ応答は行き過ぎ量が発生し収束まで何度か振動する.よって,(3).

第 11 章

1 11.1 節「周波数応答」を参照.

2 時定数が 2 であるから,折点角周波数は 0.5.ゲイン定数が 10 であるから,折点角周波数以下ではゲインは 20 dB.

3 ブロックでの直列結合は伝達関数では積であり,伝達関数での積はボード線図では各曲線の和になるので,G_1 のゲイン曲線と G_2 のゲイン曲線を足し合わせて全体の系のゲイン曲線を描き,G_1 の位相曲線と G_2 の位相曲線を足し合わせて全体の系の位相曲線を描く.

第 12 章

1 12.1 節「制御量の目標値への収束と負帰還」を参照.

2, 3, 4 12.2 節「系の遅れや増幅度と安定性」を参照.

5, 6 12.3 節「ボード線図と安定判別」を参照.

7 位相余裕を 30° とするためには,位相が $-180 + 30 = -150°$ においてゲインが 0 dB となるようにすればよい.現状で 10 dB であるので,10 dB 下げればよい.$-10\,\mathrm{dB} = 20\log K$ より,$K = \frac{1}{\sqrt{10}}$.

8 不安定.位相が 180° 遅れているとき,ゲインが 10 dB であり 0 dB よりも大きいので.

9 一巡伝達関数は $\frac{10}{(1+s)(1+2s)s}$.よって,$\frac{1}{1+s}$,$\frac{1}{1+2s}$,$\frac{1}{s}$,10.それぞれのゲイン曲線・位相曲線を足し合わせればよい.位相が 180° 遅れるときゲインが 0 dB より大きく,ゲインが 0 dB のとき位相の遅れが 180° より大きいので,不安定である.

第13章

1　13.3 節「ゲイン補償法」を参照.

2　13.4 節「遅れ補償法」，13.5 節「進み補償法」を参照.

3　2 次系の応答は，減衰係数 ζ と固有角周波数 ω_n で特徴づけられる．そのままでは両者を独立に調整することができないが，フィードバック補償を行うとそれぞれ独立に調整が可能になるため．

4　遅れ補償回路である．よって，(1).

5　補償前の系の減衰係数は 0.5 で行き過ぎ量が発生する．補償後の減衰係数は 1 で行き過ぎ量は発生しない．よって，(5).

6　補償前，位相が 180° 遅れるときゲインは 10 dB．安定化には 10 dB 下げる必要があり，ゲイン余裕を 10 dB にするためにはさらに 10 dB 下げる必要がある．よって補償要素はゲインを 20 dB 下げる伝達関数であり，0.1 である．

7　(1)　13.6 節「フィードバック補償法」を参照.
　(2)　行き過ぎ量が出なくなる限界の臨界制動とするために減衰係数 $\zeta = 1$ とし，速応性を損なわないために固有角周波数 ω_n はそのままを維持するように可変定数を調整する．
　(3)　K_C および K_T を補償後のパラメータを満たす値とする．

第14章

1　14.1 節「定常偏差への対応」を参照.

2　14.2 節「偏差変動への対応」を参照.

3　$K_P + \frac{K_I}{s} + K_D s$

4　14.3 節「PID 動作」を参照.

5　両者とも定常偏差をなくせるが，I 制御のみだと偏差が積分されてから修正操作が発生するため P 制御がある場合に比べて応答が遅くなる．

6　積分要素を付加した制御系である (4).

キーワード索引

制御の基本概念
外乱への対応　13
フィードバック制御　13, 101
フィードバック制御系に発生する現象　24
フィードフォワード制御　18, 100
ワットの調速機　15

ブロック線図の基本
加算点　32
伝達関数　31
引出し点　32
ブロック　31

ブロック線図によるシステムの記述
因果関係に基づいた接続　34
各要素のブロック化　34, 89

ブロック線図の等価変換
順序の入れ替え　38
直列結合　36
フィードバック結合　37
並列結合　36

ラプラス変換の利用
最終値の定理・初期値の定理　59
部分分数展開　56
ラプラス逆変換　56
ラプラス変換表　55

伝達関数の基本形
1次遅れ要素　70, 130, 136
積分要素　69, 130, 135
2次遅れ要素　71, 131, 138
微分要素　68, 129, 135
比例要素　67, 128, 134
むだ時間要素　73, 132, 141

基本要素の特徴
1次遅れ要素と時定数　78
行き過ぎ量　83
2次遅れ要素と減衰係数・固有角周波数　80
比例要素とゲイン　77

キーワード索引

フィードバック制御系の基本構成
外乱　12, 100
外乱の伝達関数　102
制御量　12, 100
フィードバック伝達関数　104

偏差　108
前向き伝達関数　104
目標値　12, 100

フィードバック制御系で考慮すべき特性の基本
インパルス入力　51
過渡特性　119
収束の度合い　83
振動性　83
ステップ入力　109

立ち上がりの速さ　83
定加速度入力　110
定常特性　107
定常偏差　108
ランプ入力　109

フィードバック制御系の形による違い
追従特性　111
フィードバック制御系の形　110

定常偏差　108

フィードバック制御系の過渡特性
1次遅れ系　117
2次遅れ系　118

閉ループ伝達関数　104, 116

周波数応答
一般の伝達関数のボード線図　142
折れ線近似　136
周波数応答　126

ベクトル軌跡　128
ボード線図　133

フィードバック制御系の安全性
安定度　150
安定・不安定の境界条件　149
位相余裕　150
一巡伝達関数　104, 148

ゲイン余裕　150
不安定となる条件　150
ボード線図による安定判別　150

フィードバック制御系の特性改善
PD 制御　177
PID 制御　178
PI 制御　175
遅れ補償　162
ゲイン補償　159
進み補償　165

定常偏差への対応　174
2次系の特性改善　166
フィードバック制御系の安定化　157
フィードバック補償　166
偏差変動への対応　176

索引

あ行

行き過ぎ量　82
位相　126
位相曲線　134
位相交差角周波数　150
位相余裕　150
1形　110
1次遅れ系　117
1次遅れ要素　70
一巡伝達関数　104
インパルス入力　51
遅れ補償　162
折れ点角周波数　136

か行

外乱　12
加算点　32
共振周波数　138
共振値　138
共振点　138
系の因果関係　34
ゲイン　126
ゲイン曲線　134
ゲイン交差角周波数　150
ゲイン定数　77
ゲイン補償法　158
ゲイン余裕　150
減衰器　158
減衰係数　80

減衰振動　82
構成要素のブロック　34
固有角周波数　80

さ行

最終値の定理　59
3形　110
シーケンスコントローラ　3
シーケンス制御　5
持続振動　80
時定数　78
自動制御　2
収束の速さ　82
周波数応答　126
手動制御　2
初期値の定理　59
信号　30
進み補償　165
ステップ入力　109
正帰還　146
制御対象　12
制御偏差　13, 108
制御量　12
積分要素　69
設定値　14
0形　110
操作指令　12
操作部　12
操作量　12

索引

た 行

単位ステップ関数　52
単一フィードバック　14
単位ランプ関数　53
調整部　14
調節部　12
調速機　15
定加速度入力　110
定常偏差　108
手順の制御　7
デルタ関数　51
展開定理　57
伝達関数　31
等価変換　36
特性方程式　105

な 行

2形　110
2次遅れ系　118
2次遅れ要素　71

は 行

引出し点　32
微分要素　68
比例要素　67
PD 制御　177
PID 制御　178
PI 制御　175
フィードバック　13

フィードバック制御　5, 13, 20, 101
フィードバック補償　166
フィードフォワード制御　18, 28, 100
フィードバック伝達関数　104
負帰還　146
プロセスコントローラ　3
ブロック　31
閉ループ伝達関数　104
ベクトル軌跡　128
偏差　108
ボード線図　133

ま 行

前向き伝達関数　104
むだ時間　73
むだ時間要素　73
目標値　12

ら 行

ラプラス逆変換　56
ラプラス変換　49
ラプラス変換表　55
ランプ入力　109
量の制御　8
臨界制動　84

わ 行

ワットの調速機　15

著者略歴

高橋　宏治（たかはし　こうじ）

1980年　東京工業大学制御工学科卒業
1982年　東京工業大学大学院修士課程修了（制御工学専攻）
1985年　東京工業大学大学院博士課程修了（制御工学専攻）　工学博士
2015年まで　東京工業大学大学院理工学研究科准教授
2022年まで　職業能力開発総合大学校教授
現　在　職業能力開発総合大学校名誉教授・特定教授

電子・通信工学＝EKR-11
制御工学の基礎

2014 年 12 月 10 日 ©　　　　初　版　発　行
2022 年 9 月 25 日　　　　　　初版第 7 刷発行

著者　高橋宏治　　　発行者　矢沢和俊
　　　　　　　　　　印刷者　山岡影光
　　　　　　　　　　製本者　小西惠介

【発行】　　　　株式会社　数理工学社

〒151-0051　東京都渋谷区千駄ヶ谷 1 丁目 3 番 25 号
編集 ☎ (03) 5474-8661 (代)　　サイエンスビル

【発売】　　　　株式会社　サイエンス社

〒151-0051　東京都渋谷区千駄ヶ谷 1 丁目 3 番 25 号
営業 ☎ (03) 5474-8500 (代)　　振替 00170-7-2387
FAX ☎ (03) 5474-8900

印刷　三美印刷　　　　製本　ブックアート
《検印省略》

本書の内容を無断で複写複製することは，著作者および
出版者の権利を侵害することがありますので，その場合
にはあらかじめ小社あて許諾をお求め下さい．

ISBN978-4-86481-024-1
PRINTED IN JAPAN

サイエンス社・数理工学社の
ホームページのご案内
https://www.saiensu.co.jp
ご意見・ご要望は
suuri@saiensu.co.jp まで．